本书受国家自然科学基金面上项目"基于大规模在线学习资〔
性化课程内容重构技术研究及应用"（课题编号：62077043）、
哲学社会科学规划交叉学科重点支持课题"基于深度知识追踪的
习资源联动推荐服务研究"（课题编号：22JCXK05Z）资助

# 知识追踪
## 原理及应用

李浩君 高鹏 著

ZHISHI ZHUIZONG

YUANLI JI YINGYONG

中国财经出版传媒集团
经济科学出版社
Economic Science Press
·北京·

**图书在版编目（CIP）数据**

知识追踪原理及应用 / 李浩君，高鹏著 . -- 北京：
经济科学出版社，2024.8

ISBN 978 - 7 - 5218 - 5941 - 6

Ⅰ.①知… Ⅱ.①李… ②高… Ⅲ.①知识管理 - 研
究 Ⅳ.①G302

中国国家版本馆 CIP 数据核字（2024）第 109566 号

责任编辑：周胜婷
责任校对：王肖楠
责任印制：张佳裕

**知识追踪原理及应用**

李浩君 高 鹏 著

经济科学出版社出版、发行 新华书店经销

社址：北京市海淀区阜成路甲 28 号 邮编：100142

总编部电话：010 - 88191217 发行部电话：010 - 88191522

网址：www. esp. com. cn

电子邮箱：esp@ esp. com. cn

天猫网店：经济科学出版社旗舰店

网址：http：// jjkxcbs. tmall. com

固安华明印业有限公司印装

710 × 1000 16 开 13.75 印张 200000 字

2024 年 8 月第 1 版 2024 年 8 月第 1 次印刷

ISBN 978 - 7 - 5218 - 5941 - 6 定价：76.00 元

（图书出现印装问题，本社负责调换。电话：010 - 88191545）

（版权所有 侵权必究 打击盗版 举报热线：010 - 88191661

QQ：2242791300 营销中心电话：010 - 88191537

电子邮箱：dbts@ esp. com. cn）

# 前　言

随着云计算、大数据、人工智能等技术的快速发展及其在教育领域的广泛应用，智慧教育生态建设已取得初步成效。智慧化的教育环境、智能化的学习服务和数据化的教学评估，有效地推动了教学模式的创新与变革。作为新一代教学评估方法，知识追踪构建了以数据为核心的评价方式，突破了传统评价方法在处理海量、多模态教育大数据方面的局限性，充分发挥了智能技术在教育教学应用中的优势，满足了学习者个性化的教学评价需求。尽管融合深度学习技术的知识追踪模型在预测准确率和自动化标注知识点方面有所突破，但在模型特征和建模技术上仍面临关键难题，例如缺乏足够的教育特征、难以处理长依赖关系以及模型可解释性较弱等。因此，知识追踪技术的优化研究及其应用领域探索具有很强的实践性和迫切性。

本书聚焦于知识追踪优化及应用研究，旨在将数据驱动理念和深度学习技术融入教学评价服务，以提升教学评价的准确性和有效性。从教育学、人工智能、心理学等维度全面阐释知识追踪的研究体系。同时，优化知识追踪模型，探索其在教育教学中的实际应用，已成为智能教育研究领域中颇具特色的研究工作。

第 1 章介绍知识追踪的研究背景，分析知识追踪的内涵及研究内容，梳理知识追踪模型优化和实践应用的研究进展，并探讨知识追踪的研究价值，为读者构建一个宏观且条理清晰的知识追踪研究概览。

第 2 章分析知识追踪研究指导理论，阐述常用知识追踪模型的建模技术、工作原理以及模型优缺点，并从数据处理、评价指标和热力图等方面探讨知识追踪实验基础，为后续深度知识追踪模型优化以及性能评估提供理论支持。

第3章聚焦深度知识追踪模型优化问题，提出融入梯度提升回归树的深度知识追踪模型优化方法、自注意力机制与双向GRU协同的深度知识追踪模型优化方法、基于产式生迁移的深度知识追踪模型优化方法，分析各优化方法的可行性和有效性。

第4章围绕学习者知识掌握状态可视化应用场景，设计知识追踪视域下学习者知识掌握状态可视化策略，构建知识追踪视域下学习者知识掌握状态诊断模型，开展知识追踪视域下学习者知识掌握状态可视化应用实践和案例分析。

第5章针对学习者薄弱知识点挖掘应用服务，提出基于知识追踪的薄弱知识点挖掘策略，构建融入多维问题难度的自适应知识追踪模型，开展基于知识追踪的薄弱知识点挖掘应用实践。

第6章在梳理协作学习分组研究现状的基础上，阐述融入深度知识追踪模型的协作学习分组问题，在DKVMN模型基础上设计DKVMN-KT知识追踪优化模型，提出融入深度知识追踪优化模型的协作学习分组方法，验证该分组方法的应用效果。

全书由李浩君设计整体架构与内容，书中大部分内容取自笔者自己的以及指导研究生的科研成果，其中包括高鹏硕士、方璇硕士、廖伟霞硕士等所做的相关研究工作。杭州市中策职业学校钱塘学校高鹏老师参与第1章、第2章、第3章和第4章内容整理工作；浙江工业大学教育科学与技术学院硕士研究生钟友春参与第5章内容整理工作，廖伟霞参与第6章内容整理工作，陈姚含和曹桢参与全书文稿校对工作，感谢大家的辛勤劳动和付出。

最后，感谢经济科学出版社对本书出版给予的支持和帮助，感谢出版社编辑对书稿修改、出版所做的辛勤劳动。本书相关研究得到2020年国家自然科学基金面上项目（62077043）、2022年度浙江省哲学社会科学规划交叉学科重点支持课题（22JCXK05Z）等项目的资助。本书还引用了大量的学术文献资料，在此一并表示感谢。

由于笔者学识水平有限，书中不妥之处，恳请同行专家和读者批评指正！

李浩君

2024年1月

# 目 录

第1章　绪论 ……………………………………………………（ 1 ）

　1.1　研究背景 ……………………………………………（ 1 ）

　1.2　研究内容 ……………………………………………（ 4 ）

　1.3　研究现状 ……………………………………………（ 9 ）

　1.4　研究价值 ……………………………………………（ 17 ）

　1.5　本章小结 ……………………………………………（ 19 ）

第2章　知识追踪研究基础 …………………………………（ 21 ）

　2.1　知识追踪理论基础 …………………………………（ 21 ）

　2.2　知识追踪模型基础 …………………………………（ 26 ）

　2.3　知识追踪实验基础 …………………………………（ 39 ）

　2.4　本章小结 ……………………………………………（ 45 ）

第3章　深度知识追踪模型优化研究 ………………………（ 46 ）

　3.1　深度知识追踪模型优化问题 ………………………（ 46 ）

　3.2　融入梯度提升回归树的深度知识追踪模型优化方法 ……（ 50 ）

　3.3　自注意力机制与双向 GRU 协同的深度知识追踪模型
　　　优化方法 ………………………………………………（ 60 ）

3.4　基于产生式迁移的深度知识追踪模型优化方法 ………… （68）

3.5　本章小结 ……………………………………………… （74）

**第4章　知识追踪视域下学习者知识掌握状态可视化研究** ………… （75）

4.1　学习者知识掌握状态可视化概述 ……………………… （75）

4.2　知识追踪视域下学习者知识掌握状态可视化策略设计 …… （81）

4.3　知识追踪视域下学习者知识掌握状态可视化应用实践 …… （92）

4.4　本章小结 ……………………………………………… （136）

**第5章　基于知识追踪的学习者薄弱知识点挖掘研究** ……………… （137）

5.1　学习者薄弱知识点挖掘概述 …………………………… （137）

5.2　基于知识追踪的薄弱知识点挖掘策略设计 …………… （141）

5.3　融入多维问题难度的自适应知识追踪模型 …………… （149）

5.4　基于知识追踪的薄弱知识点挖掘应用实践 …………… （163）

5.5　本章小结 ……………………………………………… （171）

**第6章　融入深度知识追踪模型的协作学习分组** ………………… （172）

6.1　协作学习分组概述 ……………………………………… （172）

6.2　面向协作学习分组的深度知识追踪优化模型 ………… （177）

6.3　融入深度知识追踪模型的协作学习分组方法 ………… （182）

6.4　分组方法应用效果研究 ………………………………… （187）

6.5　本章小结 ……………………………………………… （197）

**参考文献** …………………………………………………… （198）

# 第1章 绪 论

随着"互联网＋"教育的快速发展，涌现出一大批在线教育平台，自动化、个性化、精准化的教学评价服务需求急剧上升。知识追踪作为新一代教学评价方法，能够根据学习者的历史练习数据，自动地评估学习者的知识状态，较好地解决实施因材施教面临的评价问题。本章首先介绍了知识追踪研究背景、概念内涵以及研究内容，然后从模型优化以及实践应用详细阐述了知识追踪研究现状，最后分析了知识追踪研究价值。

## 1.1 研究背景

随着信息技术的蓬勃发展以及智能教育研究的不断深入，教育数字化转型服务需要有效的教学评价机制，才能更好地满足学习者和教师的个性化需求；知识追踪技术自身不断演化发展，可以进一步契合教育领域的多样化服务和技术性需求，为使用者提供个性化的学习支持和反馈。

### 1.1.1 教育服务数字化转型需要

自 2017 年以来，国家相继出台的《新一代人工智能发展规划》《教育信息化 2.0 行动计划》《中国教育现代化 2035》等政策文件中指出，要发展"智慧教育",探索新的智慧教育模式,利用新一代信息技术辅助实现个性化学习,建设智能化教学环境,推动人工智能技术在教学领域的应用。2022 年,中国共产党第二十次全国代表大会报告中强调"深入实施科教兴国战略""推进教育数字化"。同年,全国教育工作会议明确提出,实施教育数字化战略行动。

教育数字化转型的主要目标包括:树立数字化意识,培养数字化应用能力,构建智慧教育发展新生态,形成数字化治理体系和机制。其中,智慧教育旨在利用智能教育技术建设智慧化的教育环境、提供智能学习服务以及开展智能教学评估(王志锋等,2021)。由此可见,智能教育作为智慧教育创新发展的途径,利用云计算、大数据、人工智能等数字技术赋能教学评价创新,是推进教育数字化转型的重要实施路径之一。

知识追踪作为新一代数字技术赋能教学评价的有效手段之一,依托信息技术创新力优势,高效赋能智能教育(Ha et al.,2018),通过利用各类计算模型,深度分析学习者与习题的交互过程,构建学习者的学习轨迹,自动化追踪学习者的学习状态(曾凡智等,2022),个性化评估学习者不同阶段的学习路径,提供适应性学习推荐服务,有效推进因材施教育人理念的实施与发展。因此,知识追踪作为教育数字化转型服务中的一种重要手段,通过利用人工智能和云计算等新一代信息技术,实现个性化学习服务和智能化教学评价,从而推进教育服务数字化转型应用工作。

## 1.1.2 智能技术大规模应用推动

深度学习作为机器学习领域的重要分支,已成为人工智能服务实现的核心技术,现已被广泛应用于语音识别、图像处理、自动驾驶和个性化推荐等多个领域。深度学习技术通过模拟人脑认知机制,构建深层次的网络结构,分析学习样本数据的内在规律和表示层次。数据驱动下的深度学习技术具有学习能力强、适应性强和准确率高等优势。随着以深度学习为代表的智能技术与教育领域的深度融合以及在线教育平台应用普及,有效推动了教学模式的变革和创新。2020 年以来，受新冠疫情等因素影响，在线教学实现了超大规模实践应用，生成了海量的学习者学习数据，这些数据具有数据量大、类型繁多、连续性强等特点，为深度学习技术在教学评价领域的应用奠定了数据基础。皮耶希等（Piech et al.，2015）将深度学习技术应用于教学评价领域，显著提升了评价结果的准确性，自此开启了深度学习技术赋能教学评价研究的热潮。因此，智能技术的大规模应用将会推动知识追踪模型评价精确度的提升，促进知识追踪的应用推广。

### 1.1.3　知识追踪研究的发展演变

学习是一个复杂的认知过程，学习者的知识掌握状态往往以一种隐性、动态的形式存在，诊断学习者知识掌握状态难度较大。学习者学习效果评价经历了学习状态模糊评价与测量、认知诊断模型构建与应用、基于大数据的知识追踪三个研究阶段。20 世纪初，经典测验理论（classical test theory，CTT）作为最早的心理与教育测量理论，认为学习者的项目得分（观察分数）等于真分数与误差分数之和，并以此来评估学习者的心理特质（Crocker et al.，1986）。但是，学习者的项目得分易受项目难度等因素的影响。为解决项目属性对评价的影响，项目反应理论（item response theory，IRT）利用逻辑斯蒂函数建模学生测试数据，认为影响学习者测验分数的因素为学习者能力和项目属性（Hambleton et al.，2013）。项目属性包括项目难度、项目区分度和项目猜测系数等。根据项目属性数量的不同，项目反应理论可扩展为多参数模型。经典测验理论和项目反应理论均属于能力水平研究范式，将预评估的心理特质看作心理意义不明晰的统计结构，目的在于从宏观的层次给个体一个整体的、单维的评估值（漆书青，2002），所以难以评估学习者对各知识点的掌握情况。

随着教育和科学研究的发展，人们不再满足于仅对个体进行宏观层次的评价，而是希望了解学习者认知加工过程的不同特点。因此，基于认知水平研究范式的认知诊断理论应运而生,截至 2007 年已开发出 60 多种认知诊断模型（Fu et al.，2007）。认知诊断理论以认知心理学和心理测量学为基础,试图将"统计结构"进行分解,以离散的二维变量表示学生对所测知识或技能的掌握状态,根据所测属性不同的组成模式对学生进行分类,建立学习者答题情况与所测知识或技能的对应关系。常用认知诊断模型包括规则空间模型（rule space methodology，RSM）（Tatsuoka，1983）、DINA 模型（deterministic input noisy and gate model）（Junker et al.，2001）等。由于模型简单、参数估计准确率高,DINA 模型已广泛应用于认知诊断领域。然而,认知诊断模型也存在一些局限性:RSM 模型忽略了学习者作答过程中的猜测和失误行为对诊断结果的影响;DINA 模型忽略了学习者作答过程中知识状态动态变化的情况。

随着信息技术的发展,在线教育平台学生规模日趋庞大,随之产生大量的学习数据。然而,传统的评价方法难以处理海量、多模态的教育大数据。20 世纪 90 年代,科贝特等（Corbett et al.，1995）首次利用机器学习算法解决教学评价问题,并将其定义为知识追踪任务。知识追踪作为数据驱动下的学习者知识状态建模技术,能够充分利用历史练习数据动态建模学习者的学习过程,精准地评价学习者对每个知识点的掌握程度,成为近年来国内外智能教育领域的研究热点,现已被广泛应用于爱学习、智学网、edX 和 Coursera 等在线教育平台。根据建模方法的不同,当前知识追踪模型主要分为三类:基于贝叶斯的知识追踪模型、基于参数估计的知识追踪模型和基于深度学习的知识追踪模型。

## 1.2　研究内容

知识追踪是智能教育领域的重要研究内容,利用学生的历史学习数据追踪学习者知识掌握状态,评价学习者学习效率。了解知识追踪的概念内涵和研究内容能更全面地理解知识追踪的本质及其在智能教育中的关键地位，对于推动知识追踪研究工作深度开展以及提升学习效果至关重要。

## 1.2.1　知识追踪内涵分析

学习者知识状态评估分为测试和练习两种场景，测试场景多采用试卷等形式开展总结性评价；练习场景则是以连续的、阶段性的问答操作为主，实时反馈学习者的学习效果。测试场景下的评价假设学习者在操作过程中知识状态是静态的、不变的；练习场景下的评价假设学习是一个持续的过程，学习者在操作过程中的知识状态是动态的、不断变化的。知识追踪作为练习场景下的评价方法，其目的在于根据学习者过去的练习表现评估学习者当前知识掌握状态，实时预测学习者正确回答下一问题的概率。

知识追踪可以形式化为一个有监督的学习序列预测问题，其任务是根据学习者的历史学习轨迹以及在不同时刻的习题作答数据，来自动追踪学生的知识水平随时间的变化过程，分析学生认知状态的变化，以便能够准确地预测学习者在未来学习中的表现、从而提供相应的学习辅导。知识追踪原理如图 1 - 1 所示。

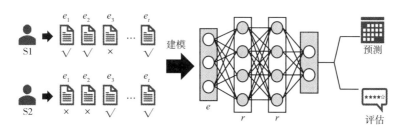

**图 1 - 1　知识追踪原理**

给定学习者在含有某些特定知识点的历史练习序列 $X_t = (x_1, x_2, \cdots, x_t)$，预测该学习者在下一个练习题 $e_{t+1}$ 上的表现，并以此评估学习者的知识掌握状态。其中，$x_t \in (e_t, r_t)$；$e_t$ 表示 $t$ 时刻练习题，练习题 $e_t$ 涉及的知识点数量、知识点之间关联性以及掌握程度都是动态变化的（胡学钢等，2020）；$r_t \in [0,1]$ 表示学习者作答情况，1 表示回答正确，0 表示回答错误。

## 1.2.2 知识追踪研究内容

作为新一代教学评价工具，知识追踪能够挖掘学习者的学习水平和个性化学习需求，为精准地提供个性化学习支持服务奠定基础，是开展个性化教育的关键。然而，学习过程是复杂多变的，知识追踪模型并非诞生即完美，其模型的精准性和完备性还有待提升。同时，知识追踪模型在个性化教育中能够发挥的支撑作用也有待探索。因此，知识追踪的研究内容主要包含知识追踪模型优化和应用研究两个方面。

### 1.2.2.1 知识追踪模型优化研究

目前，知识追踪模型优化研究分为两个方向：一是对基础知识追踪模型的改进；二是对建模方法的改进。知识追踪的本质是根据学习者的学习相关数据来建模学习者的知识状态发展过程（即学习过程）。然而，学习过程中存在多种影响因素，如练习题属性、知识点结构以及学习者行为特征等，这些都会影响知识追踪模型的评价效果。基础的知识追踪模型仅仅将学习者的练习数据作为模型输入，难以构建完整的学习过程。因此，部分学者尝试将练习题的难度、知识点之间的相关性以及学习者的学习能力、尝试次数、学习间隔时间等特征融入知识追踪模型，丰富模型的输入信息，进而提升模型的准确度。

随着人工智能的不断发展，学者们提出了众多深度学习算法，如长短时记忆网络（long short-term memory，LSTM）、记忆增强神经网络（memory augmented neural networks，MANN）、注意力机制（attention mechanism）、图神经网络（graph neural networks，GNN）、卷积神经网络（convolutional neural networks，CNN）和图卷积网络（graph convolutional networks，GCN）等。国

内外学者利用各种深度学习算法的优势，挖掘知识结构、练习题文本以及先后练习顺序影响等信息，提出了一系列基于深度学习的知识追踪模型。此外，与以概率为基础的知识追踪模型不同，基于深度学习的知识追踪模型在分析学习者的知识状态上存在较大差异，模型难以解释学习者知识状态演变。因此，可解释性研究也成为了知识追踪模型优化研究的一部分。

### 1.2.2.2　知识追踪应用服务研究

智能导学系统（intelligent tutoring system，ITS）借助于人工智能技术，结合相关学科知识，让计算机扮演虚拟教师向学习者传授知识、提供个性化的指导。智能导学系统需要解决两个关键问题：首先，构建学习者模型，精准地评估学习者的知识状态；其次，构建基于学习者特征的个性化学习服务。知识状态作为教学过程中学习者的重要特征，是智能导学系统开展个性化教学服务的主要依据。知识追踪能够建模学习者的知识状态，在智能导学系统中具有基础性作用，其在智能导学系统中的应用如图1-2所示，应用服务包括：个性化资源推荐、知识地图构建、知识状态可视化、早期学习预警薄弱知识点挖掘以及协作学习分组等。

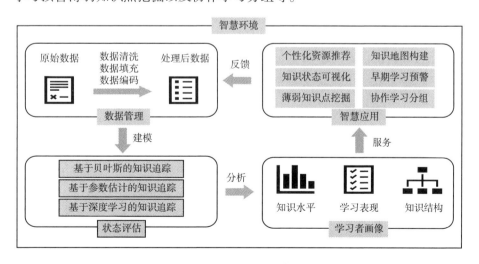

图1-2　智能导学系统框架

（1）面向个性化资源推荐的应用服务。个性化资源推荐旨在根据学习者的个性化特征推荐符合其学习目标的学习资源，例如最佳练习题、学习材料和学习策略等。学习者的知识状态存在个体差异且动态变化，面对大规模学习群体和海量的学习资源，清晰地评价学习者的知识状态等特征对于个性化资源推荐至关重要。因此，基于知识追踪评价结果的学习资源推荐有助于满足个性化的习题、学习路径和课程等服务需求。

（2）面向知识地图构建的应用服务。知识地图构建即构建知识点之间的关系。练习题所涵盖的知识点之间存在着多种不同的关联关系，如先验关系、包含关系、并列关系等。面对复杂的知识体系，人工标记所属关系不但费时费力，且存在不同教育专家标记不一致等主观性问题。知识追踪能够利用神经元网络或设置模型参数，利用数据蕴含的信息自动挖掘知识点之间的相关性，不仅可以用于确定知识点之间的等级关系，还可以构建知识地图的拓扑结构，并且可以根据不同的学习者特征和学科领域个性化地构建知识地图。

（3）面向知识状态可视化的应用服务。知识追踪模型能够实时更新学习者的知识状态，使教师能够及时了解学习者的知识结构，针对薄弱知识点开展补救措施和教学干预，从而达到因材施教的目的。知识追踪模型的初始评价结果为文本性数据，难以直观地展示学习者的知识状态和练习题的知识点结构等信息。采用可视化分析技术，对知识追踪的评价结果进行处理，以图表的形式形象地展示学习者知识状态信息，有助于教师和学习者更加直观地理解相关教育数据。

（4）面向薄弱知识点挖掘的应用服务。薄弱知识点是指学习者在学习过程中会出现"知识缺陷""认知冲突"等问题，对学习者知识点学习产生影响，使学习者在答题过程中遇到问题。采用知识追踪能获得学习者对每个知识点的掌握程度，深入分析学习者练习作答交互数据，挖掘知识点之间关联性，为每个学习者构建知识点网络图，在知识点网络图中挖掘出学习者薄弱知识点集合，形成薄弱知识链，方便后续提供有针对性的个性化教学服务。

（5）面向协作学习分组的应用服务。协作学习有效分组是提升协作学习效率的关键因素，合理的协作学习小组能够使个体和组内成员获得最大化的习得成效；知识追踪能获得学习者知识掌握程度，实现对学习者知识水平特征深度计算，从而进行学习者相似聚类，然后将同簇内的学习者分配到不同的学习小组中，不仅能解决现有协作学习分组知识水平特征建模简单化问题，而且从知识结构角度进行分组，可以有效促进学习者之间交互积极性。

（6）面向早期学习预警的应用服务。知识追踪技术可实时追踪评估学生的学习情况，为教育者提供准确反馈。设定预警阈值后，在学生学习进度或成绩出现明显下降时及时提供预警服务，促使教师和家长快速介入支持。提升学习效果，降低学习风险。

## 1.3　研究现状

知识追踪研究工作目前处于快速发展的阶段，已有工作主要集中在知识追踪模型优化和知识追踪应用服务方面。相关学者不断改进和提升知识追踪模型性能，更准确地捕捉学习者的知识掌握状态；同时，也有学者利用知识追踪技术开发出各种智能教学应用服务，提供更高效的学习支持服务。

### 1.3.1　知识追踪模型优化研究进展

#### 1.3.1.1　基于贝叶斯的知识追踪模型优化研究

20 世纪 90 年代，科贝特等（Corbett et al.，1995）首次提出基于贝叶斯的知识追踪模型（Bayesian knowledge tracing，BKT），该模型以概率为基础，将学习者对每个知识点的掌握情况划分为掌握和未掌握两种状态，利用隐马尔可夫模型（hidden Markov model，HMM）建模学习者的学习过程，预测学习者正确做答下一题的概率。

BKT 模型简单易用，以概率为基础，可解释性强，采用实时反馈的用户交互建模，将学习者的潜在知识状态建模为一组二元变量，每个变量代表是否理解某个知识点。随着学习者不断地练习，对于知识点的掌握也会有动态的变化。但该模型假设学习者不存在遗忘现象，忽略了学习者之间的初始知识状态和学习能力，与认知规律相悖。同时，该模型认为每道练习题仅包含 1 个知识点，无法处理多个知识点练习题，难以满足复杂的学习情况。因此，国内外学者针对上述问题对 BKT 模型开展了一系列优化研究。

帕尔多斯等（Pardos et al.，2010）在 BKT 模型中引入学习者节点，采用冷启动启发式、随机参数等多种方式模拟不同学习者的初始知识状态，同时也给出了学习者学习能力（即转移概率）的个性化方式，探索了学习者个性化参数设定路径。帕尔多斯等（Pardos et al.，2011）将练习题节点引入 BKT 模型，考虑了不同练习题难度对建模过程的影响。王玉涛等（Wang et al.，2012）利用线性回归函数，将学习者第一次作答反应时间和 BKT 模型作为自变量，预测学习者的作答表现。尤德尔森等（Yudelson et al.，2013）利用梯度优化技术将学习者个性化参数引入 BKT 模型，实验证明：个性化学习者的初始知识状态（即先验概率）比个性化学习者的学习能力（即转移概率）对模型精度的提升更有优势。斯波尔丁等（Spaulding et al.，2015）在 HMM 模型中添加额外的可观察节点用于估计学习者的情绪状态，包括困惑、无聊、投入等学习情绪。卡捷哈等（Khajah et al.，2016）在比较分析 BKT 模型与其他知识追踪模型的差异后，在 BKT 模型中加入了时间间隔较短的遗忘概率参数，提升 BKT 模型预测效果。凯撒等（Käser et al.，2017）提出了考虑多个知识点的动态贝叶斯知识追踪模型（dynamic Bayesian knowledge tracing，DBKT），有效增加了知识追踪模型的表示能力。张凯等（Zhang et al.，2018）认为学习过程中状态变化往往是渐进演变的，二元状态不符合学习规律，他们在原有的二元状态的基础上加入"过渡学习状态"以表示学习者可能掌握知识点的情况，并构建了｛掌握；掌握中；未掌握｝三元状态的概率转换模型。孟玲玲等（Meng et al.，2021）针对BKT 模型忽略了知识点之间的相关性问题，将知识点关系矩阵融入 BKT 模型，有效提升了模型的预测精度和可解释性。黄诗雯等（2021）针对 BKT 模型未考虑遗忘因素以及学习者行为对作答反应的影响，采用决策树算法处理学习行为数据，提出了一种融合学习者的行为和遗忘因素的贝叶斯知识追踪模型（behavior-forgetting Bayesian knowledge tracing，BF-BKT）。魏雨昂（2023）构建了以"关键词 + 能力"为节点的贝叶斯网络，通过概率推演实现学习者学习结果的预测，同时针对模型缺少数据特征问题，构建了基于潜在特征的贝叶斯知识追踪模型。

### 1.3.1.2　基于参数估计的知识追踪模型优化研究

参数估计作为统计推断的基本形式之一，旨在根据样本求解总体的未知参数，最基本的方法是极大似然估计法和最小二乘法。相关学者将学习者知识状态建模问题转化为数学统计问题，对学习者知识状态进行量化分析。基于参数估计的知识追踪模型主要包括：基于矩阵分解的知识追踪模型和基于逻辑回归的知识追踪模型。

（1）基于矩阵分解的知识追踪模型优化研究。矩阵分解作为矩阵理论的重要组成部分，已广泛应用于数学、工程以及推荐等领域。由于推荐领域与知识追踪建模的相似性，2010 年，阮泰义等（Nguyen et al.，2010）首次将矩阵分解技术用于解决知识追踪问题，提出了基于矩阵分解的知识追踪模型（matrix factorization knowledge tracing，MFKT）。MFKT 模型从概率的角度建模学习者的学习过程，较好地利用了练习题与知识点之间的相关性，直观地展示了学习者对各知识点的掌握程度，具有较好的解释性。但其建模过程是静态的，未考虑学习者的知识状态是随时间变化的、动态的特征；模型的可扩展性较差，难以利用学习者的其他信息。阮泰义等（Nguyen et al.，

2011）针对 MFKT 模型未考虑时间因素，构建了"学习者 – 练习题 – 时间"三维张量，利用因式分解技术预测学习者的作答表现。根据教育专家意见对练习题进行知识点标注，构建"练习题 – 知识点"矩阵（即 Q 矩阵），利用此矩阵建模知识点关系矩阵 $V$，利用学习和遗忘曲线建模知识状态矩阵 $U$，提出 KPT 模型（knowledge proficiency tracing，KPT），该模型考虑了练习题与知识点之间的真实相关性，并实现了动态建模（Chen et al.，2017）。

（2）基于逻辑回归的知识追踪模型优化研究。基于逻辑回归的知识追踪模型以逻辑回归函数为基础，假设学习者的作答反应（正确/不正确）遵循伯努利分布，以学习者的作答反应为因变量，根据学习者的历史练习序列训练逻辑回归模型参数，主要包括项目反应理论和因素分析模型。项目反应理论（item response theory，IRT）（Hambleton et al.，2013）利用逻辑回归函数建模学生测试数据，使用一个连续变量评估学习者的潜在特质。项目反应理论认为，影响学习者测验分数的因素为学生能力和项目属性。项目属性包括项目难度、项目区分度和项目猜测系数等。根据项目属性数量的不同，项目反应理论可扩展为多参数模型。例如，伯恩鲍姆等（Birnbaum et al.，1968）将项目区分度融入项目反应理论提出 2 – PL 模型；汉布尔顿（Hambleton et al.，1989）将项目猜测系数融入项目反应理论提出 3 – PL 模型。为了解决项目反应理论难以处理学习过程中学生知识状态动态变化的问题，卡耐基梅隆大学的岑浩等（Cen et al.，2006）在 Rasch 模型（Rasch，1993）的基础上考虑了学习率和练习次数对学习过程建模的影响，提出学习因素分析模型（learning factors analysis，LFA）动态追踪学生知识状态。LFA 所强调的能力渐变性和多知识点耦合更符合真实的学习情境，因此获得了广泛的应用，帕夫利克（Pavlik et al.，2009）将 LFA 模型中的学习能力参数移除，并将练习次数细分为成功次数和失败次数，提出性能因素分析模型（performance factors analysis，PFA），考虑成绩因素对知识追踪的影响。吉尔 – 简·维等（Vie et al.，2019）将 IRT、LFA 以及 PFA 等模型优点汇聚在知识追踪机制优化设计工作中，提出了因子分解机（factorization machines，FMs）。

### 1.3.1.3　基于深度学习的知识追踪模型优化研究

学习过程受多方面因素影响，对学习者进行知识状态建模的主要困难在于学习者个体和知识的内在复杂性。深度学习算法打破了传统机器学习算法对网络层级的限制，能够有效地利用学习过程中产生的多元数据的高维特性。皮耶希等（Piech et al.，2015）首次将循环神经网络（recurrent neural network，RNN）及其变体算法长短时记忆网络应用于知识追踪问题，提出深度知识追踪模型（deep knowledge tracing，DKT）。

基于深度学习的知识追踪模型能够将学习者知识状态表征为高维、连续的特征，在一定程度上解决了传统知识追踪模型面临的问题。自 2015 年 DKT 模型被提出至今，利用深度学习技术解决知识追踪问题已成为计算机领域和教育领域的研究热点。DKT 模型不需要人工标注知识点，预测精度虽优于其他传统方法，但也存在一些局限性。DKT 模型优异表现依赖于模型的自由度（Khajah et al.，2016）；模型难以对跨时间的问题提供一致性的预测，也无法有效输出学习者对每个知识点的掌握程度，解释性较差（李浩君等，2021），即无法从模型的隐藏状态中确定学生的知识点掌握情况，因此模型很难获得学习者真实的知识状态。有学者针对 DKT 模型的上述问题提出了一系列优化策略。针对 DKT 模型未考虑学习者学习过程中其他信息的问题，利用交叉特征技术对学习者尝试次数和作答时间等信息进行编码，降维处理为离散变量后作为 DKT 模型的输入，丰富了模型的输入信息（Zhang et al.，2017）。利用决策树训练学习者可量化的异构特征，将其训练结果结合练习题和作答反应进行独热（onehot）编码，提出了一种自动选择特征作为输入的优化方法（Cheung et al.，2017）。在以往预测学习者表现的模型当中，大多将学习者历史做题记录的独热编码作为模型输入，而忽略了练习本身蕴含的丰富的文本信息。为此，有学者以文本信息作为输入，利用双向 LSTM 学习练习题的语义表示，提出练习增强循环神经网络（exercise-enhanced recurrent neural network，EERNN）模型，捕获练习题的个性化特征，结合马尔可夫链和注意力机制构建了两种新的 LSTM 结构（Su et al.，2018）。永谷浩纪等（Nagatani et al.，2019）考虑了学习者的遗忘行为，对重复练习间隔时间、连续练习间隔时间和重复次数等影响遗忘的因素进行编码，将向量化后的遗忘特征与 DKT 模型输入相结合，拓展了 DKT 模型结构。考虑不同学习者学习能力的差异性，利用聚类方法对具有相近学习能力的学习者进行动态分组，将学习能力信息融入 DKT 模型（Minn et al.，2018）。

国内外学者也尝试利用深度学习中的其他算法建模学习者学习过程。利用键矩阵存储所有练习所包含的知识点，利用值矩阵存储学习者对每个知识点的掌握程度，提出动态键值记忆网络模型（dynamic key-value memory networks，DKVMN），无须人为标注知识标签就能输出学习者对每个知识点的掌握程度（Zhang et al.，2017）。DKVMN 模型综合了 BKT 模型和 DKT 模型的优点，提升了知识追踪模型的可解释性。然而，DKVMN 模型在记忆矩阵更新过程中，具有相同作答反应的学生的知识增长相同，这忽略了学习者的当前知识水平对知识增长的影响（Ha et al.，2018）；此外，DKVMN 模型的知识点为潜在模拟知识点而非真实知识点。艾方哲等（Ai et al.，2019）利用三级练习标签构建模型键矩阵，有效地解决了模型无法输出真实知识点掌握程度的问题。上述模型虽取得不错效果，但模型面对长序列输入时难以处理数据稀疏性问题。潘迪等（Pandey et al.，2019）利用自注意力机制赋予输入序列不同的权重，使历史练习对当前预测有不同程度的影响，提出自注意力机制知识追踪模型（self-attentive model for knowledge tracing，SAKT）。当学习者掌握一个知识点后，与之相关联的知识点掌握状态也会发生改变。中川等（Nakagawa et al.，2019）将知识点关系转换为图结构，将学习者的知识状态编码为图节点的嵌入，并根据嵌入向量和图结构更新知识状态，提出基于图神经网络的知识追踪模型（graph-based knowledge tracing，GKT），有效提升了知识追踪模型的可解释性。利用 CNN 技术构建基于卷积神经网络的知识追踪模型（convolutional knowledge tracing，CKT），通过滑动窗口机制同时处理多个练习序列，有效处理了学习者学习过程中的长期效应和遗忘行为（Shen et al.，2020）。利用 GCN 技术建模练习题与知识点之间的关系，将学习者对练习题的掌握程度概括为学习者当前状态、学习者历史状态、目标练习题和相关知识点之间的相关性，提出基于图卷积神经网络的知识追踪模型（graph-based interaction knowledge tracing，GIKT），有效处理了多知识点练习题和数据稀疏性等问题（Yang el al.，2020）。

## 1.3.2　知识追踪典型应用研究进展

### 1.3.2.1　个性化资源推荐应用研究

知识追踪实践应用能为个性化导学服务提供新视角，利用神经网络、深度学习、强化学习等技术，结合知识点层级结构、课程知识图谱等，设计了多种模型来追踪学习者的知识状态，并根据学习者特征和需求，为其提供合适的练习题、学习路径和资源推荐。这些研究工作为个性化教学实施提供了理论基础和实践方法。

艾方哲（2019）将练习题的知识点层级结构融入神经元网络，设计可评价真实知识点掌握状态的知识追踪模型，并以此模型为基础将深度强化学习引入习题推荐算法中，构建个性化习题推荐系统。学习者知识掌握状态建模能准确地预测学习者的学习情况，有学者提出了知识跟踪与强化学习协同的学习路径推荐算法（Cai et al.，2019）。马骁睿等（2020）利用深度学习知识追踪建模学习者的知识状态，并结合协同过滤算法计算学习者正确回答练习题的概率，依据概率向学习者推荐难度适宜的练习题。宋刚（2020）利用改进的深度学习知识追踪模型评估学习者的知识状态，并结合强化学习设计个性化习题推荐算法，帮助学习者找到适合的练习题，提高学习效率。利用练习与答题大数据开展对知识点与课程建模，并提出了基于知识图谱的复习策略学习路径规划算法，并利用拓扑排序为学习者推荐个性化学习路径（Wang et al.，2021）。陈思航（2022）通过多维知识追踪模型评价学习者的知识状态、能力信息、学习风格，结合学习者特征和课程知识图谱，构建案例实践资源推荐服务。班启敏（2022）将知识追踪与推荐任务相结合构建知识增强的多任务学习框架，并依据相关规则向学习者推荐候选课程集。谢棋泽（2022）提出了一种基于图嵌入和双向注意力机制的知识追踪模型，并将其应用于学习路径推荐。

### 1.3.2.2　知识地图构建应用研究

构建知识地图可以帮助人们更好地理解与掌握相关知识，进而实现更高效的学习与创新。目前，关于知识追踪中知识地图构建的研究已经取得了一些进展。在知识地图的构建方法方面，研究者们提出了许多不同的方法，利用深度学习技术自动构建知识点之间的图结构，或通过挖掘学习者历史表现数据来推测知识点之间的拓扑顺序，以帮助更好地理解和学习知识点。学者们在知识追踪模型训练中，设置不同的知识关系矩阵和参数，以提高模型的准确性和泛化能力。皮耶希等（Piech et al., 2015）、中川等（Nakagawa et al., 2019）利用深度学习神经元网络的模型特性，自动构建知识点之间的图结构。利用学习者的历史练习作答表现挖掘知识点之间的拓扑顺序，设计了一种基于深度学习知识追踪模型的知识点拓扑顺序挖掘方法（Meng et al., 2021），通过设置知识关系矩阵，在知识追踪模型训练过程中学习知识矩阵关系参数。这些研究为知识点之间关系的发现和模型优化提供了新的思路和方法，但这些方法各有其优缺点，可以根据不同的应用场景选择合适的方法来构建知识地图。

### 1.3.2.3　知识状态可视化应用研究

知识状态可视化是一种将知识以图形化方式进行展示的方法，可以帮助人们更好地理解和掌握知识，并在学习和创新过程中实现更高的效率。有研究考虑知识点之间相关性，使用优化的知识追踪模型评估学习者的知识状态，并将其应用在小学数学认知诊断中生成个性化诊断报告。类似的，也有研究利用融入学习记忆过程的知识追踪优化模型作为评价工具，进行个性化诊断报告的研究。利用键矩阵存储练习题与知识点之间相关性，在模型训练过程中自动挖掘练习题与知识点之间关系，并以热力图的形式直观地展示相关系数（Zhang et al.，2017）。张明心（2019）考虑知识点之间的相关性，利用改进的知识追踪模型评估学习者的知识状态，并将其应用至小学数学认知诊断中，生成个性化诊断报告。同样地，邹煜（2021）利用融入学习记忆过程的知识追踪优化模型作为评价工具，开展个性化诊断报告应用研究。

除上述应用研究外，有学者利用深度知识追踪模型处理编程练习题，将每个练习题的代码都表示为抽象语法树并作为模型输入，预测学习者对后续编程练习的作答情况（Wang et al.，2017）。拉尔瓦尼等（Lalwani et al.，2018）使用深度知识追踪模型验证修订后的布鲁姆教育目标分类理论，结果证实了知识点从简单到复杂的层次结构，即使在不相邻的知识点之间也存在重叠。还有研究将深度知识追踪预期知识状态特征与学习者个体特征相结合，优化深度知识追踪模型，预测学习者数学技能方面知识掌握状态（Yeung et al.，2019）；针对现有试卷题目生成质量无法保证问题，考虑试题考查知识点权重、难度以及分数分布等因素，利用知识追踪模型提出一种基于考试成绩预测生成试卷的方法（Wu et al.，2020）。

## 1.4 研究价值

目前教育领域正在经历着革命性的变革，以满足不断变化的学习需求，迎接技术进步的挑战，知识追踪研究在推动智慧教育发展、完善知识追踪理论体系、创新教育评价方式以及提升知识追踪应用等方面，都具有重要的理论研究价值和实践应用价值。

### 1.4.1　助推智慧教育发展新格局

随着智慧教育与信息技术的交融互通，自适应学习已经成为教育技术第五代研究范式（祝智庭等，2013），而知识追踪作为自适应学习的重要手段，为智慧教育带来了持续的赋能力，精准地建模学习者的知识状态，提升智慧教育服务效率，使其从传统的教学辅助手段转变为真正意义上的个性化教育支持。知识追踪根据学习者与练习题之间的交互记录，自动地评估学习者的知识状态，为智慧教育学习资源推荐、学习路径规划等服务优化提供保障，助力打造"人人皆学、处处能学、时时可学"的智慧教育环境；也为教育优质均衡发展和实现教育公平提供了技术性保证；对于构建学习型社会，促进人的素质全面提高，具有重要的意义（吴水秀，2023）。

### 1.4.2　完善知识追踪理论新体系

知识追踪研究工作开展有助于完善知识追踪理论体系，深刻地认识学习过程的特点和规律，更好地理解知识追踪应用中的现实问题和挑战，为技术的不断改进和优化提供坚实的基础和理论指导，解决知识建模、知识表示和知识推理等知识追踪领域的实际难题，促进开发更加高效、准确、全面的知识追踪模型和系统，更好地将理论研究成果应用于实际教育和学习场景，为各类智慧教育应用提供更好的基础性服务，对于自身领域工作推进以及应用实践服务拓展都具有至关重要的意义。

### 1.4.3　创新教学评价实施新方式

知识追踪的发展为创新教学评价实施带来了新的方式，不仅提高了教学评价的精度，还为学习者和教育者提供了更有针对性和高效的教育支持，推动了教学评价领域的发展。知识追踪借助智能技术支持，赋能教学评价深度改革，并为应对信息技术时代的挑战提供了全新思路（吴龙凯等，2023）。知识追踪以其个性化和自动化的创新特性，推动了教学评价要素的数字化转型，强调了新时代下教学评价的新视角。聚焦于全过程数据采集和伴随式评价，并将数据密集型科学范式应用于教育评价领域，实现传统评价向智能化评价方向发展（朱德全等，2019）。知识追踪采用基于数据驱动的评价方式，依靠学习者的历史练习数据进行多模态分析，从而促进了学习过程和评价过程的深度融合。这种评价方式有助于教学评价实现自动化、个性化、精准化和客观化，解决了大规模因材施教面临的教学评价问题，其研究发展也为教学评价提供可持续的技术支持，推动教育评价领域的不断创新和进步。

### 1.4.4　探索知识追踪应用新范式

在新时代教育数字化转型背景下，教育面临着全新的问题和挑战，需要积极探索基于智能技术的创新方法和实践路径，以满足教育数字化发展的个性化需求。随着科技的不断发展和社会的不断进步，知识追踪领域研究将继续寻找创新解决方案，以适应不断演化的教育新需求，进而解决新的问题和挑战。知识追踪在错因追溯和补救教学方面，有助于更好地理解学习者的知识差距，提供有针对性的学习支持和教学干预措施，通过不断改进和优化知识追踪核心技术，提高其适应不同实际问题的服务能力，增强应用服务准确性，更好地满足各种应用需求，并为教育和决策提供更多创新的应用范式，推动教育领域朝着个性化、精准化和智能化服务方向前进。

## 1.5　本章小结

以诊断学习者知识掌握状态为目标的知识追踪技术是智能教育领域自

适应学习研究关键领域，本章对知识追踪内涵与研究现状进行了深入探讨，详细阐述了知识追踪研究价值"四新"特征。知识追踪能深入挖掘学习者的知识状态，已成为大规模在线学习数据分析的有力工具，而其个性化和智能化服务特色也为学习者和教育者提供了更多的决策支持和数据洞察，有助于推动个性化教育发展。

# 第2章　知识追踪研究基础

知识追踪自 20 世纪 90 年代提出以来，经过国内外学者的广泛研究，已形成较为完备的研究体系。理解知识追踪研究基础有助于建立对该研究领域的整体认知，建立对知识追踪研究的整体框架，能更好地构建高效的知识追踪服务系统，促进知识追踪在教育领域的深入应用。本章首先介绍了知识追踪理论基础，然后详细阐述了常用知识追踪模型原理，最后分析了知识追踪实验基础，为后续知识追踪模型优化以及应用服务提供理论支持。

## 2.1　知识追踪理论基础

### 2.1.1　心理测量理论

心理测量是根据一定的心理学理论，运用特定的操作程序或测验，对人的行为和心理特性进行定量描述的过程。心理测量依据的法则在很大程度上只是一种方式，心理测量专家根据相关理论编制测量工具并完成测量（戴海崎等，2011）。但是，不同学者对性格、智力、兴趣、态度、气质等心理特性概念的定义不尽相同，心理测量难以像物理测量那样具有统一的评价标准。由于心理特性的高度复杂性，人们对心理测量的必要性和可行性存在着质疑。

心理特质的可测性是心理测量的基础，人的心理特性如同物理特征一样存在差异，其差异不仅在质的方面，而且包含量的方面。因此，对心理特性进行量化描述是必不可少的。正如心理学家桑代克所指出的，凡是客观存在的事物都有数量；教育心理测量学家麦柯尔也认为，凡有其数量的事物都可以测量（戴海崎等，2011）。同时，人的心理是主观的、内隐的、变化的，难以直接测量，而人的行为是外显的、客观存在的，可以被观察；由此可见，心理是行为的内在驱动力，行为是心理的外在表现，通过测量个体在特定情境中的行为表现来评估个体心理特质，这种心理测量的间接性反映了心理与行为的相互联系和相互影响。

心理测量根据所测量的心理特质的不同，可以分为：智力测验、能力测验、成就测验以及人格测验等。智力测验旨在测量个人智力或认知水平的高低；能力测验旨在测量个人的一般能力发展倾向或特殊潜力发展倾向；成就测验旨在测量个人接受某种教育后获得的知识水平或技能熟练度；而人格测验旨在测量个人的性格、气质、兴趣等心理特征。

知识追踪作为一种成就测验工具，将学习者的知识水平与练习作答表现（即行为表现）联系起来，通过挖掘练习作答数据中的信息来推断学习者的知识水平。心理测量理论能为开展知识追踪研究工作提供科学的、系统的方法论框架，帮助研究者更好地设计、实施和解释知识追踪工作。通过借鉴心理测量理论的框架和原则，知识追踪研究者可以更好地设计测验或评估工具，确保其符合心理测量的基本原则，从而提高测量工作的准确性和可信度。心理测量理论的指导有助于知识追踪研究者明确他们想要测量的具体心理特质或认知过程，以及测量的具体目的，从而使研究更具针对性和实用性。心理测量理论关注测量工具的信度和效度，即：工具是否能够稳定地测量所要衡量的心理特质，并是否确实测量到所关心的特质，有助于知识追踪研究者设计更为可靠和有效的测量工具，提高研究的科学性和可信度。心理测量理论强调深入理解被测心理特质的本质和内在结构，使知识追踪研究者能更好地理解学习者的知识水平与行为表现之间的关系，以及这些行为表现背后的认知过程。心理测量理论为跨学科研究提供了方法论基础，知识追踪研究者借鉴心理测量理论的方法，可以更好地与心理学、教育学等领域进行合作，实现对知识追踪数据的多维度解读，拓展研究视角，丰富领域研究内容。

## 2.1.2　项目反应理论

项目反应理论（item response theory，IRT）是一种用于评估人们在测验或问卷中表现的统计学模型，主要用于测量个体在某一能力或特质上的水平，例如智力、学科知识或某种技能。项目反应理论的基本思想是将个体的能力视为一个隐含的连续变量，并将测验项目的性质抽象为一个或多个参数。项目反应理论作为学习能力水平研究的范式，将学习者的知识状态视为一个整体，并用"能力"来表示它。该理论认为学习者的最终能力受两个因素的影响：学习者的学习能力和项目属性（如项目难度、区分度、猜测和失误概率等）。项目反应理论构建了学习者的能力与作答情况之间的函数关系，也就是项目反应函数。该理论使用数学模型来描述个体的能力和测验项目参数之间的关系，预测其在某一特定能力上的水平，最常见的项目反应理论模型包括单参数模型、双参数模型和三参数模型。与传统的测试理论方法相比，项目反应理论更加灵活，能够提供更精确和个性化的测量结果，目前已广泛应用于教育评估、心理学研究、职业测验等领域，成为许多标准化测验的理论基础。

在知识追踪研究工作中，借助项目反应理论模型可以更准确地估计学习者在特定知识领域的能力水平，帮助研究者获取更精细的学习过程信息；项目反应理论能够充分考虑个体差异，有助于研究者更细致地理解学习者在知识追踪中的表现，并为个体化的教学和干预提供基础；利用项目反应理论模型来分析不同练习题或任务的属性，从而更好地理解哪些内容对学习者来说更具挑战性；通过建立项目反应函数，项目反应理论可以提供在不同知识水平下学习者的作答概率，使研究者能够更全面地了解学习者的知识掌握情况；项目反应理论模型具有较好的可解释性，可以解释学习者在不同项目上的表现与其能力水平之间的关系，这有助于研究者更深入地理解学习者的能力水平和学科掌握情况，为教学和评估提供更具有指导性的信息。例如，研究者可以将练习题的难度和文本语义等属性纳入知识追踪模型，以丰富模型的数据信息，或者利用项目反应理论来增强知识追踪模型的可解释性（Yeung，2019）。

## 2.1.3　认知诊断理论

随着心理与教育测量需求的不断提高，对个体进行宏观层次的评价已经不能满足人们的需求，更多地希望理解个体内部的认知加工过程，认知诊断理论在这方面做了较好的探索。广义上，认知诊断指构建测验所得分数与内部认知结构之间的关系；狭义上，特指在教育领域中，根据学习者的作答情况评估其是否掌握测验所需的知识或技能，并以此对学习者进行分类（刘声涛等，2006）。认知诊断理论以认知心理学和心理测量学为基础，将整体的认知结构分解为二维离散变量，通过不同的知识或技能组成模式对学习者进行分类。这有助于在知识追踪研究中更细致地考察个体之间的认知差异，为个性化学习提供更有针对性的支持。

认知诊断理论得到了广泛研究，目前已经开发出 60 多种认知诊断模型（Fu et al.，2007）。其中主流的认知诊断模型包括规则空间模型（Tatsuoka，1983）、DINA 模型（Junker et al.，2001）等。规则空间模型中，日本学者龙冈提出了 Q 矩阵理论，使用二维矩阵表示练习题与知识点之间的关系，并以矩阵向量的形式表示学习者对知识点的掌握程度。认知诊断以及知识追踪已成为目前学习者知识状态建模两种主要方法，前者适用于静态评估且在输出结果方面更为精细化，而后者适用于动态预测且在输入维度方面更具可扩展性（戴静，2022）。

认知诊断尽管模型简单但参数估计较为准确，有助于建立学习者的动态知识状态模型，使认知诊断理论在阶段性知识追踪中表现较为出色，有助于捕捉学习者在作答过程中知识状态的动态变化。Q 矩阵的提出作为连接认知特征与观测数据之间的桥梁，使测量个体具体认知特征的发展水平成为可能，为知识追踪模型的精细化发展奠定了理论基础，使研究者能够更细致地追踪学习者对知识点的掌握程度。例如，王文涛等（Wang et al. , 2021, 2022）提出了两种融合修正 Q 矩阵的知识追踪优化模型，提高了知识追踪模型的可解释性，并探索了基于深度学习的知识追踪模型诊断真实知识点掌握程度的发展路径。另外，李林庆等（Li et al. , 2023）考虑了练习题和知识点之间的关系，以及同一练习题中不同知识点之间的关系，使用基于分层知识水平的 Q 矩阵校准方法，提出了一种融合校准的 Q 矩阵关系和注意力机制的知识追踪优化模型。

## 2.1.4　艾宾浩斯遗忘曲线

德国心理学家艾宾浩斯通过实验总结出了人类大脑对新事物的遗忘规律，并根据实验结果绘制了记忆遗忘规律曲线——即艾宾浩斯遗忘曲线。艾宾浩斯认为，人类的遗忘遵循先快后慢的原则，最初的遗忘速度很快，但随着时间间隔的延长，遗忘的速度显著减缓（黄希庭，2007）。

艾宾浩斯遗忘曲线揭示了人类记忆遗忘的规律，强调时间因素对学习过程的重要性，提示研究者在知识追踪模型中应当充分考虑学习的时间间隔、复习时机等相关因素。此外，艾宾浩斯遗忘曲线为优化模型参数提供了指导，使研究者能更好地适应学习者的遗忘过程，提高对学习进展的准确预测。个体差异在艾宾浩斯的研究中也得到凸显，这为知识追踪模型考虑个性化学习支持提供了启示。例如，叶艳伟等（2019）通过实验表明，添加遗忘参数后的贝叶斯知识追踪模型的预测准确率显著提高，并证明了在预测学习者的作答表现时，较早的作答数据更有利于模型参数的训练。拉尔瓦尼等（Lalwani et al. , 2019）将练习题作答时间间隔作为特征，以优化深度知识追踪模型。永谷等（Nagatani et al.，2019）认为遗忘的原因包括上一次作答的间隔时间以及过去对练习题的作答次数，并通过引入与遗忘相关的特征（例如重复作答间隔时间、连续作答间隔时间和作答次数）来优化深度知识追踪模型。

## 2.2　知识追踪模型基础

知识追踪是根据学习者的历史练习数据，通过建模学习者的学习过程，获取潜在表示学习者知识状态的方法。近年来，知识追踪建模主要代表性技术有：隐马尔可夫模型、矩阵分解以及深度学习技术等。本节聚焦基于贝叶斯的知识追踪模型、基于矩阵分解的知识追踪模型以及基于深度学习的知识追踪模型内容，深入探讨知识追踪模型的技术基础以及工作原理。

### 2.2.1　基于贝叶斯的知识追踪模型原理

1994 年，学者科贝特和安德森首次提出了将贝叶斯模型应用于知识追踪研究领域（Corbett et al.，1994），假设学习者的知识状态可以表示为一组二进制变量，通过求解概率来跟踪学习者的知识状态变化，这标志着知识追踪领域的一次重要突破。基于贝叶斯的知识追踪模型（BKT）以学习者的学习过程为基础，将其映射为有向无循环的概率图，利用统计方法为学习者的知识状态演变建模，借助贝叶斯模型推断调整学习者知识状态的概率分布，从而实现对学习者真实状态的准确反映，有效地揭示了学习者知识掌握状态之间的关联关系。

#### 2.2.1.1　建模技术

基于贝叶斯的知识追踪采用隐马尔可夫模型（HMM）作为其主要建模

技术。隐马尔可夫模型是马尔可夫链的一种特殊形式，专门用于描述在状态未知的情况下的马尔可夫过程，是动态贝叶斯网络中结构最简单的一种。

马尔可夫链是一种离散时间的随机过程。在马尔可夫链中，从一个状态到另一个状态的转换是随机的，这种转换过程具有"无记忆"的特性，即下一状态的概率分布仅由当前状态决定，与之前的状态无关。以一个天气状态的例子来说明，假设天气有晴天、雨天和多云三种状态，已知各状态之间的转换概率如图 2－1 所示。根据历史天气状态信息，可以利用马尔可夫链来预测未来的天气状态。

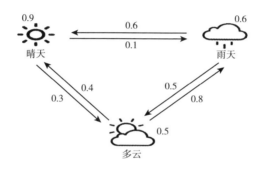

**图 2－1 天气状态转换概率**

马尔可夫链的前提是状态可观测，然而在某些情况下，特定人群（如盲人）无法明确界定当前天气状态。对于这些人来说，天气状态变成了内隐的、不可观测的，因此需要通过其他可感知的信息来推断天气状态。举例而言，他们可以根据海藻的湿度来判断天气。在这种情况下，海藻湿度成为观察状态，而天气情况则成为隐藏状态，如图 2－2 所示。这种推断过程可以被归纳为隐马尔可夫模型的应用。在这个模型中，观察状态（比如海藻湿度）是可测量的，而隐藏状态（如天气情况）是无法直接观测到的。隐马尔可夫模型允许我们通过观察状态的变化来推断隐藏状态的转变，为那些无法直接观测到某一状态的情境提供了一种有效的建模方法。在知识追踪中，通过将学习者的知识状态视为隐含状态，利用隐马尔可夫模型对知识状态的演变进行建模，从而实现对学习者未来状态的预测。

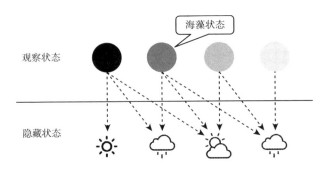

图 2 – 2　海藻与天气的关系

在隐马尔可夫模型中，面临的挑战是无法直接获取具体的状态序列，因为隐藏状态是不可观测的。然而，在该模型中，每个观察状态都是由一个相应概率密度分布的隐藏状态序列生成的，通过观察状态序列的变化，可以推断出隐藏状态的变化。隐马尔可夫模型作为结构最简单的动态贝叶斯网络有向图模型之一，其基于两个关键假设。首先，模型假设系统的当前状态只与前一状态有关，与其他历史状态无关；其次，观察状态的生成仅依赖于当前的隐藏状态，与其他观察状态和隐藏状态无关。这两个假设为模型提供了在动态系统中捕捉状态变化的简洁框架，为应对具有潜在状态的实际问题提供了一种强大的建模工具。

隐马尔可夫模型可以用一个五元组参数集合 $\lambda = \{O, S, \pi, A, B\}$ 来表示。其中，$O_t$ 表示 $t$ 时刻观察状态；$S_t$ 表示 $t$ 时刻隐藏状态；$\pi$ 表示初始状态概率向量，$\pi_i$ 表示模型的初始状态为 $S_i$ 的概率；$A$ 表示状态转移概率矩阵，$A_{ij}$ 即当前状态 $S_i$ 下一时刻转换为 $S_j$ 的概率；$B$ 为观测概率矩阵，表示根据当前状态 $S_i$ 获取各观察状态 $O_i$ 的概率。其中观测序列 $O$ 与状态序列 $S$ 为输入项，初始状态概率向量 $\pi$、状态转移概率矩阵 $A$、观测概率矩阵 $B$ 为模型参数。隐马尔可夫模型可以用来解决三个基本问题：（1）概率计算问题，给定模型参数和观察序列 $O$，计算在该模型下观察序列出现的概率；（2）解码问题，给定模型参数和观察序列 $O$，计算最可能输出该观察序列的隐藏状态序列 $S$；（3）参数估计问题，给定观察序列 $O$，求解模型参数。

根据知识追踪的定义，基于贝叶斯的知识追踪是根据学习者的历史学习序列不断优化模型参数，以此推断学习者的知识状态与状态转移概率，可以认定为参数估计问题。参数估计问题求解流程（见图 2-3），分为两步：第一步，初始化模型参数 $\{\pi, A, B\}$；第二步，利用期望最大化算法（expectation-maximum，EM）更新参数，直至模型收敛。

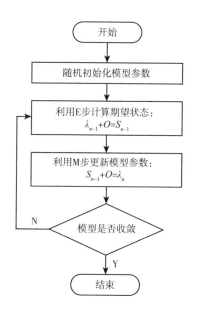

**图 2-3 参数估计问题求解流程**

### 2. 2. 1. 2 模型原理

在知识追踪中，学习者的知识状态是动态变化的，而隐马尔可夫模型的动态性使其能够捕捉这种变化；通过不断观察学习者的学习行为，模型可以通过调整隐藏状态和状态转移概率的参数来适应学习者的真实知识状态变化，能够更准确地反映学习者的知识状态。BKT 模型作为基于贝叶斯的知识追踪的基础模型，可视作隐马尔可夫模型的典型应用案例。BKT 模型将学习者的历史练习序列作为观测状态序列，将学习者知识状态作为隐藏状态序列；观测状态序列为二元变量——正确与错误，隐藏状态序列为二元变量——掌握与未掌握。BKT 模型基于以下假设：

假设 1：每个练习题只涉及 1 个知识点，各知识点之间相互独立。

假设 2：所有学习者具有相同的初始知识状态，每位学习者的学习能力相同且保持不变。

假设 3：学习者在学习过程中不会产生遗忘现象。

BKT 模型结构如图 2 - 4 所示。每位学习者的学习过程包含 4 个参数：$P(L)$ 为先验概率，学习者未进行学习时掌握知识点的概率，即初始知识状态；$P(T)$ 为转移概率，学习者学习过程中，从未掌握状态转换为掌握状态的概率；$P(G)$ 为猜测概率，学习者未掌握该知识点，但通过猜测正确回答练习题的概率；$P(S)$ 为失误概率，学习者掌握该知识点，但因为失误导致错误回答练习题的概率。四个参数根据学习者的历史学习序列在模型中不断被估计求解。

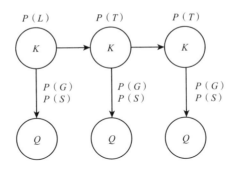

图 2 - 4 BKT 模型结构

根据 BKT 模型，学习者正确回答练习题的概率为：学习者掌握该知识点且未失误的概率与学习者未掌握该知识点但猜对的概率之和，如式（2 - 1）所示。

$$P(Correct) = P(L_{n-1}) \times (1 - P(S)) + (1 - P(L_{n-1})) \times P(G)$$

$$(2 - 1)$$

学习者错误回答练习题的概率为：学习者掌握该知识点但失误的概率与学习者未掌握该知识点且猜错的概率之和，如式（2 - 2）所示。

$$P(Incorrect) = P(L_{n-1}) \times P(S) + (1 - P(L_{n-1})) \times (1 - P(G))$$

$$(2-2)$$

因此，学习者正确回答练习题时掌握该知识点的概率可表示为式（2-3）：

$$P(L_n \mid Q = Correct) = \frac{P(L_{n-1}) \times (1 - P(S))}{P(L_{n-1}) \times (1 - P(S)) + (1 - P(L_{n-1})) \times P(G)}$$

$$(2-3)$$

学习者错误回答练习题时掌握该知识点的概率可表示为式（2-4）：

$$P(L_n \mid Q = Incorrect) = \frac{P(L_{n-1}) \times P(S)}{P(L_{n-1}) \times P(S) + (1 - P(L_{n-1})) \times (1 - P(G))}$$

$$(2-4)$$

当学习者正确回答练习题时，可通过式（2-3）反推模型的状态；当学习者回答错误练习题时，则通过式（2-4）反推模型的状态。通过大量数据计算后，确定 $P(L)$，$P(T)$，$P(G)$，$P(S)$ 参数值，概率转换关系如图 2-5 所示。

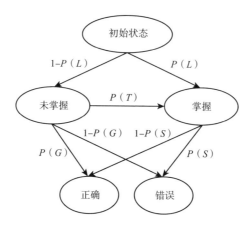

图 2-5　概率转换关系

作答此练习题后，学习者的知识状态更新为式（2-5）：

$$P(L_n) = P(L_n \mid Q) + (1 - P(L_n \mid Q)) \times P(T) \qquad (2-5)$$

此时，预测学习者正确回答下一个练习题的概率为式（2-6）：

$$P(Q_{n+1}) = P(L_n) \times (1 - P(s)) + (1 - P(L_n)) \times P(G) \quad (2-6)$$

### 2.2.1.3　模型优点和局限性

知识追踪 BKT 模型优点较为显著。首先，其个性化学习的特性使其能够根据学习者独特的学习历史提供个性化的知识追踪服务。通过对学习者行为的建模，BKT 模型更好地理解学习者的知识水平和学习进程，从而为实现个性化学习路径和资源推荐提供有力支持。其次，BKT 模型的参数具有直观的解释，包括学习者的初始知识状态以及知识转移概率等。这一特性使教育者和研究者能够深入理解模型的内在逻辑，并能够相应地调整和改进教学策略。另外，BKT 模型对于缺失的数据具有一定的容忍性，即使学习者的历史学习序列不是完整的，模型仍能够尝试估计未观察到的知识状态，使其在一定程度上适应现实世界中学习者学习数据的不确定性和不完整性。最后，BKT 模型适用于短期的学习过程，能够有效地跟踪学习者知识状态的变化，使其在不同学科和学习阶段的应用具有广泛的潜力。

知识追踪 BKT 模型也存在一系列局限性。首先，该模型建立在一系列简化的假设之上，例如将学习者的知识状态视为离散的，仅包含两个可能的状态（懂和不懂），这些简化可能无法准确地捕捉真实世界中学习者复杂的知识状态。其次，BKT 模型未考虑学习者可能存在遗忘知识的情况，也未引入深度学习的概念，与学习者真实学习情况存在较大差距。此外，BKT 模型在知识追踪中未考虑学习者学习过程中的上下文影响，如学习内容复杂性、学习时间等因素，这使该模型在应对某些复杂的学习场景时可能表现不佳。最后，BKT 模型对于领域知识的要求相对较高，在应用该模型时，需要准确地定义相关的知识点和状态转移概率，这对于一些新兴领域或者知识点较为复杂的情境可能存在挑战。

BKT 模型作为知识追踪的一种基本方法，虽然具有一些优点，但对于复杂的学习场景也面临诸多挑战。在实际应用中，需要全面考量其优缺点，根据具体场景和需求选择更为适用的知识追踪模型。

## 2.2.2　基于矩阵分解的知识追踪模型原理

基于矩阵分解的知识追踪模型将学习者的历史练习数据表示为矩阵，采用分解方法捕捉学习者的潜在特征，以向量的形式表示学习者对各知识点的掌握情况。基于矩阵分解的知识追踪模型建模过程是静态的，未能考虑学习者知识状态的动态变化，缺乏面对较为复杂学习场景时的应对能力。

### 2.2.2.1　建模技术

2010 年，阮泰义等（Nguyen et al.，2010）将矩阵分解技术应用于知识追踪研究领域，构建基于矩阵分解的知识追踪模型（MFKT）。矩阵分解作为推荐领域的经典算法，能够挖掘用户与物品之间的内隐关系，进而对用户进行推荐，其主要思想是将一个矩阵分解为比较简单的或具有某种特性的若干个矩阵的和或乘积。在推荐领域中，将已知的用户评分矩阵分解为用户矩阵和项目矩阵，再利用用户矩阵和项目矩阵的乘积来预测用户的选择，其推荐过程如图 2 - 6 所示。

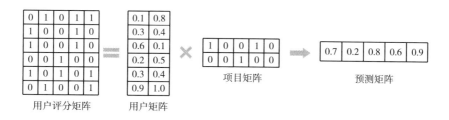

图 2 - 6　推荐过程

### 2.2.2.2　模型原理

在 MFKT 模型中，根据学习者的历史练习序列构建练习矩阵 $R_{m \times n}$，

$m$ 表示学习者的数量，$n$ 表示练习题的数量；练习矩阵表示学习者的历史学习交互记录，练习矩阵中的每个元素 $R_{i \times j}$ 表示学习者 $i$ 在练习题 $j$ 上的作答情况，其中 $i \in m$，$j \in n$，$R_{i \times j} \in \{0,1\}$，0 表示作答错误，1 表示作答正确。同时，该模型认为练习矩阵 $R_{m \times n}$ 由学习者的知识状态矩阵 $U_{m \times k}$ 与练习题的知识点关系矩阵 $V_{k \times n}$ 的内积决定，知识状态矩阵 $U$ 用于存储学习者对各知识点的知识掌握状态，知识点关系矩阵 $V$ 用于存储练习题与知识点之间的相关性，$k$ 表示知识点的数量。MFKT 模型结构如图 2-7 所示。

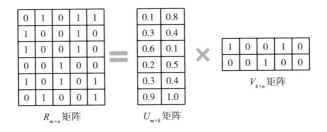

图 2-7　MFKT 模型

MFKT 模型的求解是首先得到练习矩阵 $R_{m \times n}$ 的相关数据，通过随机梯度下降算法不断更新知识状态矩阵 $U$ 和知识点关系矩阵 $V$ 的参数，直至两矩阵乘积逼近练习矩阵 $R$ 的过程，最终倒推得出学习者的知识状态，如式（2-7）所示。

$$\widetilde{R}_{i \times j} = \sum_{k=1} U_{i \times k} V_{k \times j} = (UV^T)_{i,j} \tag{2-7}$$

### 2.2.2.3　模型优点和局限性

基于矩阵分解的知识追踪模型通过将知识追踪问题抽象为矩阵的分解过程，在一定程度上简化了知识追踪问题的复杂性，有助于更好地理解和解释模型的工作原理，为教育者提供了更直观的模型解释；矩阵分解技术能够有效挖掘学习者与知识点之间的潜在关系，模型能够揭示学习者对各知识点的掌握情况，提供更深入的学习洞察；模型可以有效地处理大规模数据集，能够输出学习者对于各个知识点的掌握状态，且矩阵分解模型在一些情况下具有良好的泛化性能，对于应对教育领域中众多学习者和大量知识点的情况非常重要，使模型在实际应用中更具可行性。

但是其模型的可扩展性差，作为一个二维的矩阵，无法进行数据的扩展，并且无法动态更新学习者的知识掌握状态，导致模型无法充分捕捉学习者的动态学习过程。除此之外，基于矩阵分解的知识追踪模型在刚开始时可能面临冷启动问题，由于缺乏足够的学习者历史练习数据，无法精确地分解出潜在的学习者特征和知识点关系，模型难以准确地进行知识追踪或预测学习者的知识状态。模型建立初期，可以采用一些策略，如引入领域知识的先验信息，利用相似学习者的经验进行启动，或者通过其他方法逐步积累学习者的历史数据，解决模型初始阶段冷启动问题。

## 2.2.3　基于深度学习的知识追踪模型原理

在知识追踪领域，引入深度学习技术是为了捕捉学习者的复杂特征和模式，更有效地建模学习者的知识状态，从而提高了知识追踪的准确性和泛化能力。深度知识追踪模型（DKT）作为第一个基于深度学习的知识追踪模型，其使用的建模技术是循环神经网络（RNN）。深度学习技术的关键优势在于其能够学习到数据的抽象表示，通过网络的层次结构自动提取特征，从而更好地适应学习者的知识状态变化。虽然长短期记忆网络（LSTM）等变体模型的提出迅速取代了 RNN 的位置，基于其他深度学习算法的知识追踪模型的建模逻辑也不尽相同。但总体而言，基于深度学习的知识追踪模型的建模过程是相似的。因此，本节重点阐述 RNN 和 LSTM 的技术原理，并以 DKT 模型为例介绍基于深度学习的知识追踪模型建模思路。

### 2.2.3.1　建模技术

循环神经网络以序列数据作为输入且所有节点按链式连接（Goodfellow et al.，2016），善于处理数据之间的前后关系或者更为复杂的依赖关系，已广泛应用于语音识别、机器翻译等自然语言处理领域。循环神经网络模型如图 2-8 所示,循环神经网络包括输入层、隐藏层和输出层三层结构,按照时间步处理序列中的数据。在每个时间步,循环神经网络将当前输入数据与上一时刻处理的信息相结合,计算得出当前时刻的输出信息。其中,"循环"指的是模型在更新过程中,每一时刻的权重矩阵参数 $W$ 都相同,使模型能够保持对序列数据的处理一致性。循环神经网络的关键特点是其隐藏层的节点在处理序列数据时保留了先前时刻的隐藏状态信息。每个隐藏层节点都包含了先前所有节点的信息,使模型能够更好地捕捉序列中的时间关系。然而,在模型更新过程中,每个隐藏层节点的信息都会全部重写,随着时间间隔或序列长度的增长,循环神经网络会出现梯度消失或者梯度爆炸的问题,尤其在处理具有长依赖关系的数据时表现更为明显。

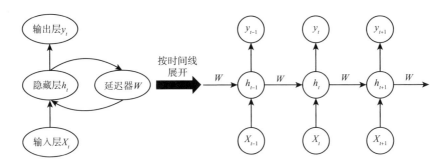

图 2-8    循环神经网络模型

为了解决循环神经网络在处理长序列数据时的局限性,霍克雷特等(Hochreiter et al.,1997)引入了门控机制,提出长短期记忆网络。长短期记忆网络结构如图 2-9 所示,其中,当前时刻的输入数据和上一时刻的隐藏状态的结合向量作为输入。

长短期记忆网络通过引入遗忘门、输入门和输出门,赋予模型更强的处理长依赖关系的能力。在模型更新过程中,通过 Sigmoid 和 Tanh 函数计算当前时刻的输入数据和上一时刻的隐藏状态,得出遗忘门、输入门和输出门的权重。遗忘门的作用是控制上一时刻需要遗忘多少信息,输入门负

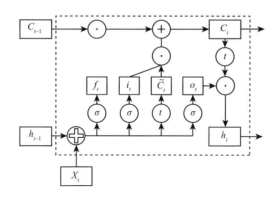

图 2 - 9　长短期记忆网络结构

责控制哪些输入信息能够进入记忆。将这两者的结果进行拼接，最后通过输出门控制哪些信息可以作为输出。具体的计算过程如下：

遗忘门：通过 $Sigmoid$ 激活函数，计算得出遗忘系数 $f_t \in [0,1]$，将其与上一时刻的内部状态 $C_{t-1}$ 进行哈达玛积运算，过滤遗忘信息。

输入门：通过 $Sigmoid$ 激活函数，计算得出输入系数 $i_t \in [0,1]$；通过 $tanh$ 激活函数，获得候选输入信息 $\widetilde{C}_t$；对输入系数和候选输入信息进行哈达玛积运算，并与遗忘门结果相加，获得当前时刻内部状态 $C_t$。

输出门：通过 $Sigmoid$ 激活函数，计算得出输出系数 $o_t \in [0,1]$；将内部状态 $C_t$ 通过 $Tanh$ 激活函数处理后，与输出系数做哈达玛积运算，最终获得当前时刻隐藏状态 $h_t$。

### 2.2.3.2　模型原理

DKT 将学习者习题作答数据编码后的交互序列作为输入，通过网络的隐藏层将信息传递到输出层，输出学习者正确答题的预测概率。DKT 模型结构如图 2 - 10 所示。

模型输入为学习者练习序列 $\{x_1, x_2, \cdots, x_t\}$，通过本章第 3 节所述的独热编码或压缩感知机等方式将 $x_t$ 转换成向量形式输入至模型；隐藏层通过多层网络对输入向量进行特征提取生成隐藏向量 $\{h_1, h_2, \cdots, h_t\}$，隐藏层可看作模

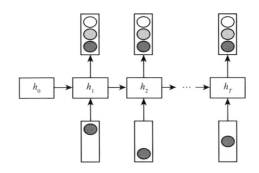

图 2 – 10　DKT 模型结构

型的记忆单元，$h_t$ 表示学习者 $t$ 时刻的知识状态，如式（2–8）所示；输出层通过 *Sigmoid* 激活函数，输出学习者正确回答问题的概率 $\{y_1, y_2, \cdots, y_t\}$，如式（2–9）所示，向量 $y_t$ 的长度等于练习题数量，其每个元素代表学习者正确回答对应练习题的预测概率。

$$h_t = Tanh(W_{hx}x_t + W_{hh}h_{t-1} + b_h) \qquad (2-8)$$

$$y_t = Sigmoid(W_{yh}h_t + b_y) \qquad (2-9)$$

### 2.2.3.3　模型优点和局限性

基于深度学习的知识追踪模型利用深度学习的神经网络结构，通过多层次的非线性变换，能够更灵活地适应学生知识状态的动态变化，有助于提高对学习者知识状态动态变化的建模准确性；深度学习模型能够自动学习和提取数据中的特征，无须手动分析特征，减轻了对手工设计特征的依赖，使模型更具通用性。

深度学习模型通常被认为是黑盒模型，难以解释模型的决策过程，在某些应用中，模型的可解释性是非常重要的；无法诊断学习者对于具体知识点的掌握状况，只能预测学习者在某道题目中是否能答对；深度学习采用的学习者学习特征比较少，只考虑了学习者的知识状况。虽然基于深度学习的知识追踪模型在处理大规模、多模态数据和复杂关系时表现出色，但也面临数据需求、计算资源、可解释性等方面的挑战。在具体应用中，需要综合考虑模型的优点和局限性，选择适合特定场景的知识追踪优化模型。

## 2.3 知识追踪实验基础

### 2.3.1 数据处理

数据能为知识追踪建模和应用分析提供研究支持，数据质量对于模型性能优化至关重要，直接影响着知识追踪系统的性能和效果。随着"互联网＋"教育的快速发展，智能教育服务平台产生了大量学习者学习数据，为开展个性化教育提供了数据支撑。公开数据集是由研究者或组织开发并向公众开放的数据集，其中包含了与知识追踪相关的信息、文本、图像或其他类型的数据。这些数据集通常被广泛应用于学术研究、算法评估以及模型训练。目前，知识追踪领域常见的公开数据集有 9 个，各数据集具体情况如表 2 − 1 所示。其中，Synthetic − 5 数据集为机器模拟的合成数据集。

表 2 − 1　　　　　　　　知识追踪领域常见的公开数据集

| 数据集 | 网址 | 描述 |
|---|---|---|
| KDD Cup 2010 | https：//pslcdatashop. web. cmu. edu/ KDDCup/downloads. jsp | KDD Cup 竞赛提供数据集，包含 574 名学生在 436 个练习上的 607026 次学习互动 |
| Synthetic − 5 | https：//github. com/chrispiech/Deep-KnowledgeTracing/tree/master/data/ synthetic | 合成数据集，模拟了 2000 名虚拟学生回答训练和测试数据集中的 50 道练习，20 万条互动记录 |
| EdNet | https：//github. com/riiid/ednet | 包含 78 万名学生数据，4 个不同级别的数据集，有 131441538 条练习记录 |
| Statics 2011 | https：//pslcdatashop. web. cmu. edu/ DatasetInfo?datasetId = 507 | 卡内基梅隆大学工程静力学课程练习数据，包含 335 名学生在 1362 个知识点上的 361092 次学习互动记录 |
| Junyi Academy | https：//pslcdatashop. web. cmu. edu/ DatasetInfo?datasetId = 1198 | Junyi Academy 在线教育机构提供，包含 238120 名学生在 722 个练习上的 26666117 条学习互动记录 |

续表

| 数据集 | 网址 | 描述 |
|---|---|---|
| ASSISTments2017 | https：//sites. google. com/view/assist-mentsdatamining/dataset | 学生在 Assistments 平台上数学作答记录，包含 1709 名学生在 102 个知识点上的 942816 条练习记录 |
| ASSISTments2009 | https：//sites. google. com/site/assist-mentsdata/datasets | 2009—2010 学年学生在 Assistments 平台上数学作答记录，包含 4151 名学生在 110 个知识点上的 325673 条学习互动记录 |
| ASSISTments2012 | https：//sites. google. com/site/assist-mentsdata/home/2012 - 13-school-data-with-affect | 2012—2013 学年学生在 Assistments 平台上数学作答记录，包含 27485 名学生在 265 个知识点上的 325673 条练习记录 |
| ASSISTments2015 | https：//sites. google. com/site/assist-mentsdata/datasets/2015-assistments-skill-builder-data | 学生在 Assistments 平台上数学作答记录，包含 19917 名学生在 100 个知识点上的 708631 条练习记录 |
| Algebra 2005—2006 | http：//pslcdatashop. web. cmu. edu/KDDCup/downloads. jsp | 数据集包含 575 名学生的 813661 条练习记录 |
| Bridge to Algebra 2006—2007 | http：//pslcdatashop. web. cmu. edu/KDDCup/downloads. jsp | 数据集包含 1146 名学生的 3656871 条练习记录 |

在构建知识追踪优化模型时，数据处理起到了至关重要的角色。从数据的采集、存储、清洗、编码到模型训练与优化，每一个步骤都需要经过仔细设计和有效执行。只有通过科学合理的数据处理流程，知识追踪模型才能充分发挥数据的作用，取得更好的追踪效果。

学习者在智能教育服务平台产生的学习数据，直接将其用于模型训练存在一定的挑战，必须先经过数据清洗和数据变换等操作，使其成为适用于模型的输入。数据清洗主要针对数据重复、数据缺失、练习题关联多个知识点等问题，数据变换主要方式为：独热编码和压缩感知机等方式。

### 2.3.1.1　数据清洗策略

智慧学习平台原始数据集均存在大量的重复学习记录，研究者认为重复的学习数据属于冗余信息（Xiong et al.，2016）。国内外学者对于数据集中的重复数据，处理方式多为删除重复项并使用第一次作答反应作为数据。针对数据集中存在部分值缺失的练习记录，国内外学者一般采用删除或填充平均值的方式进行处理。前者保证了数据的真实性，但也丢失了大量信息，后者填充新值有可能影响建模过程。在数据顺序处理方面，真实的练习记录顺序有利于模型获取学习者的知识状态变化规律，但也有部分学习者考虑到模型的输入长度等因素，截断并打乱学习者练习记录的原始顺序。对于多知识点练习题，其处理方式包括拆分和组合两种策略，拆分指将一条包含多个知识点的练习记录拆分成多个练习记录；组合指将多个知识点定义为一个新知识点，生成一条新的练习记录。这些数据清洗步骤有助于确保模型训练的可靠性和数据质量。

### 2.3.1.2　数据变换方式

在知识追踪数据集的数据变换过程中，面临着非连续值数据的处理挑战，其中练习题的题号 $e_t$ 和学习者的作答情况 $x_t \in (e_t, r_t)$ 被视为离散特征。这意味着需采用灵活的方法来处理这些离散特征，目前最常用的技术是独热编码技术，能为模型提供清晰、可解释且有意义的输入。

独热编码，又称为一位有效编码，是一种使用 $N$ 位状态寄存器对 $N$ 个状态进行编码的方法。每个状态都有其独立的寄存器位，且任意时刻，寄存器中只有一位有效。独热编码简化了对离散特征的处理，使模型能够更有效地理解和利用知识追踪数据集中的信息，有助于提高模型的适应性能。

在知识追踪的数据集中，假设练习题总共包含 $N$ 个知识点，将练习题 $e_t$ 用长度为 $N$ 的向量表示。具体而言，如果练习题包含第 $i$ 个知识点（$i \in N$），则向量的第 $i$ 个位置为 1，其余位置为 0。同理，将学习者的作答情况 $x_t$，其中 $x_t \in (e_t, r_t)$，也可以通过长度为 $2N$ 的向量进行表示。对于包含第 $i$ 个知识点的练习题，学习者作答正确时，向量的第 $N+i$ 个位置为 1，其余位置为 0；学习者作答错误时，第 $i$ 个位置为 1，其余位置为 0。

## 2.3.2 评价指标

为评估知识追踪模型的预测效果，研究者通常采用接收者操作特征曲线下面积（area under curve，AUC）、准确率（accuracy，ACC）、平均绝对误差（mean absolute error，MAE）、均方根误差（root mean squared error，RMSE）和精确率（Precision）作为评价指标衡量知识追踪模型优化实验效果。

### 2.3.2.1 AUC 评价指标

AUC 反映知识追踪模型在整体上的性能表现。该指标常用于评估模型对正样本和负样本的区分能力，其取值范围通常为 0~1，其中 1 表示模型预测完全准确，0.5 表示随机猜测。AUC 的值越接近 1，表示模型的性能越好，意味着模型在不同阈值下具有更高的真正例率，同时保持较低的假正例率。这种性能表现在二分类问题中尤为重要，因为它提供了对模型分类准确性的全面评估。AUC 的优势是具有对类别不平衡问题的鲁棒性，在应对各种不同问题和数据集时，AUC 能够稳健地评估模型的分类性能，而不受样本分布不均衡的干扰。AUC 作为一种常见的分类性能指标，为评估知识追踪模型提供了全面而有效的工具，量化了模型在不同预测阈值下的分类准确性，为研究人员提供了直观且可比较的性能度量，尤其在二分类问题中具有广泛的适用性。AUC 值计算如式（2-10）所示。

$$AUC = \frac{1}{2} \sum_{i=1}^{n-1} (x_{i+1} - x_i)(y_i + y_{i+1}) \tag{2-10}$$

### 2.3.2.2 ACC 评价指标

准确率（ACC）是用于度量模型在整体上的性能表现，衡量模型在所有样本中正确分类的比例。ACC 可用于评估模型正确识别样本的能力，ACC 值越高表示预测性能越好；准确率是正确分类的样本数与总样本数之比。较高的准确率表示模型能够准确分类大部分样本，而较低的准确率则表示模型分类错误的样本较多。但准确率可能不适用于所有情况，特别是在不平衡类别的情况下，因为如果某个类别的样本数远远超过另一个类别，模型可能倾向于预测多数类别，导致准确率高但对少数类别的性能较差，在这种情况下，需要考虑其他评估指标以更全面地了解模型的性能。ACC 值计算如式（2 – 11）所示。

$$ACC = \frac{TP + TN}{TP + FP + TN + FN} \qquad (2-11)$$

### 2. 3. 2. 3　MAE 评价指标

平均绝对误差（MAE）是一种用于衡量模型的预测值与实际观测值之间绝对误差的平均值，MAE 值越小模型预测性能越好。MAE 具有直观性，因为它提供了误差的绝对值，不考虑误差的方向，因此它对异常值不敏感，这使 MAE 成为一种相对稳健的评估工具，能够准确地反映模型预测的平均误差水平。MAE 在评估模型性能时关注的是误差绝对大小，而不是误差平方，这更符合对模型预测准确性的直观理解，适用于评估模型对连续型目标变量的预测能力。MAE 值计算如式（2 – 12）所示。

$$MAE = \frac{1}{n} \sum_{i=1}^{n} |\tilde{y}_i - y_i| \qquad (2-12)$$

### 2. 3. 2. 4　RMSE 评价指标

均方根误差（RMSE）是一种用于衡量模型的预测值与实际观测值之间的平均差异的评价指标。RMSE 代表了预测值与真实值之间残差的样本标准差，具有对极值误差更为敏感的特性，因此能够反映模型的稳定性。数值上，RMSE 越小，模型的预测性能越好。RMSE 与 MAE 不同之处在于它对大误差赋予更大的权重，使得 RMSE 在考虑误差方向的同时，更加注重对于大误差的惩罚，因此对异常值更为敏感，能提供对模型整体性能更深入的评估。RMSE 值计算如式（2-13）所示。

$$RMSE = \sqrt{\frac{1}{n}\sum_{i=1}^{n}(\widetilde{y}_i - y_i)^2}\qquad(2-13)$$

### 2.3.2.5　精确率评价指标

精确率（Precision）以预测结果为判断依据，用于衡量预测为正样本中预测正确的比例。精确率只针对预测正确的正样本而不是所有预测正确的样本，准确率则代表整体样本的预测准确程度，二者结合使用时有助于全面评估模型预测效果。精确率计算如式（2-14）所示。

$$Precision = \frac{TP}{TP + FP}\qquad(2-14)$$

式（2-10）~式（2-14）中，$TP$ 为正样本预测正确个数，$FP$ 为负样本预测错误个数，$TN$ 为负样本预测正确个数，$FN$ 为正样本预测错误个数，$n$ 为样本个数，$y_i$ 为真实值，$\widetilde{y}_i$ 为预测值，$x_i$ 为练习数据。

## 2.3.3　热力图

热力图（Heatmap）作为一项常用的数据可视化技术，通过色彩编码展示矩阵或表格数据的相对密度、关联性或模式。其主要应用于呈现大型数据集中的数据分布，有助于用户识别数据之间的模式和趋势。热力图通过对色块进行着色，形成一种直观的统计图表，常用于展示数据的总体情况、特殊值以及多个变量之间的差异性或相关性。热力图类型包括地图热力图、焦点热力图和关系分析热力图。地图热力图可用于展示某一地理区域的相关数据，焦点热力图用于展示用户在使用产品时视觉或动作的分布情况，而关系分析热力图则展示多个变量之间的交互关系。知识追踪研究领域使用的是关系分析热力图。

2015 年，皮耶希等（Piech et al.，2015）利用关系分析热力图展示学习者的学习过程，该图直观展示了学习者逐步掌握"x 轴截距"和"y 轴截距"两个练习题，但并没有将知识状态迁移至"绘制线性方程"。展示学习者在作答过程中知识状态的变化情况的热力图（Zhang et al.，2017）显示，学习者每一次正确或错误作答练习题，其知识状态也随之发生变化。热力图在知识追踪领域中的应用，能有效展示知识追踪模型输出结果的运行过程，提高了模型的可解释性。同时，热力图能够展示多个变量（如作答表现、知识点、练习题）之间的关系，为教育教学辅助决策和提示预警提供了依据。热力图以直观的方式展示数据的相对密度、关联性以及分布特征等，使复杂的知识追踪过程更易于理解。通过对知识点的可视化，教育者可以迅速洞察学生在不同知识领域的表现，从而有针对性地进行教学调整。同时，对关联性和趋势的呈现使得研究人员能够更深入地分析学习者的行为模式和知识获取路径，为知识追踪模型的改进提供有益信息。

## 2.4　本章小结

知识追踪作为一门新兴而重要的教育技术，其理论和实践价值不断凸显。本章剖析了知识追踪的相关理论，揭示了知识追踪模型核心机制和设计原理，分析了知识追踪实验效果验证关键指标。知识追踪模型优化是知识追踪服务有效供给的关键，模型准确性、可解释性以及适应性是知识追踪模型优化的目标追求，结合具体应用场景需求，灵活运用各种优化技术，才能构建全面、系统的知识追踪研究体系。

# 第3章　深度知识追踪模型优化研究

深度知识追踪模型能解决传统知识追踪模型预测准确率低、需要人工标注知识点等问题，但也存在着模型泛化能力不足和难以捕捉长依赖关系等局限。本章聚焦深度知识追踪模型优化问题，在分析深度知识追踪模型优化问题基础上，设计了融入梯度提升回归树的深度知识追踪模型优化方法、自注意力机制与双向 GRU 协同的深度知识追踪模型优化方法以及基于产生式迁移的深度知识追踪模型优化方法，致力于提升深度知识追踪模型的精确度和可解释性。

## 3.1　深度知识追踪模型优化问题

知识追踪模型优化研究过程包含问题分析、方法设计、实验验证等环节，合理地确定预解决的问题是开展优化研究的前提。深度知识追踪模型存在问题的主要原因包括建模过程信息不够完整以及建模技术自身局限性。建模过程信息的不足严重影响模型的精确度和实际应用性，而建模技术与知识追踪任务的匹配程度则直接关系到模型的预测效果和可解释性。通过有效的问题定义、科学的方法设计和实验验证，可以完善深度知识追踪模型，使其能适应更复杂的学习场景，提高知识追踪服务的准确性和实用性。

### 3.1.1　深度知识追踪模型场景特征融入

西门恩斯等（Siemens et al.，2012）指出，传统学习分析和教育数据挖掘方法在捕捉个体学习特征方面存在一定局限，因为它们未充分考虑学科特定的知识结构和学习路径。同时，罗梅罗等（Romero et al.，2013）总结了教育数据挖掘的最新进展，强调在知识追踪任务中应用深度学习可能面临领域特定特征捕捉不足的挑战。当前深度知识追踪模型的输入信息主要包含学习者的历史练习作答表现，但缺乏学习过程中的教育教学特征信息，这使模型难以构建真实完整的知识状态更新过程。在教育教学领域，关键的教育教学特征包括学习者特征和练习题特征。学习者作为学习主体，其行为特征如遗忘、作答时间、作答次数等与知识状态存在紧密关联。练习题作为诊断知识状态的载体，不同练习题所包含的知识点之间也会相互影响，而练习题的文本中蕴含着丰富的语义信息。传统的特征提取方法未能有效捕捉学习过程中的这些关键特征，导致模型在处理与教育教学相关任务时性能受限。

深度知识追踪模型特征提取也面临诸多挑战，尤其是在处理大规模、高维度教育教学数据时面临数据计算复杂性问题。传统的特征提取方法可能受制于过度拟合、信息丢失等问题，从而影响模型的泛化能力和对未见样本的准确预测。因此，深度知识追踪模型优化需要关注如何创新性地设计特征提取方法，以更好地捕捉学习者和练习题之间的关键教育教学特征，提升深度知识追踪模型的性能和实用性。领域场景特征挖掘与有效融合是深度知识追踪模型优化关注的重要内容。

### 3.1.2　深度知识追踪模型优化关键问题

深度知识追踪模型采用循环神经网络（RNN）作为建模技术，然而，由于循环神经网络技术自身局限性，深度知识追踪模型也存在一些问题，主要体现在长依赖关系建模困难和模型教育教学可解释性较弱两个方面。

首先，传统 RNN 在学习长依赖关系时面临梯度消失问题，即在反向传播时，由于更新模型参数时多次链式求导，远距离节点的梯度趋于零，导致 RNN 难以捕捉长序列的依赖关系。练习题或知识点之间存在一定的先验、包含等关系，学习者在练习中的历史时刻对某一知识点的掌握情况将影响当前时刻的作答表现，即练习序列中不同位置的练习题之间会产生不同的交互影响，这种练习题之间的依赖关系对模型的建模效果至关重要。因此，基于 RNN 的深度知识追踪模型在预测学习者知识状态时难以充分利用练习序列的全部信息，从而影响了建模效果。针对这一问题，霍赫雷特等（Hochreiter et al.，1997）提出了长短时记忆网络（LSTM），有效缓解了 RNN 的梯度消失问题。

其次，深度知识追踪模型的输出结果和工作机制受不透明的决策过程和复杂的网络结构影响，导致模型教育教学的可解释性较弱。利普顿在探讨深度学习模型可解释性时强调了模型复杂性和黑盒性的问题（Lipton，2016），而深度知识追踪模型作为深度学习模型典型应用场景，也面临类似的挑战。尽管深度知识追踪模型以学习者作答表现作为输入，以学习者正确作答每个练习题的预测概率作为输出，解决了基于贝叶斯的知识追踪模型需要人工标注知识点的问题，但其复杂的网络结构和不透明的决策过程使得解释隐藏状态为何能代表学习者的知识状态变得困难（梁琨等，2021）。同时，深度知识追踪模型的输出结果表示学习者正确作答每个练习题的预测概率，但却无法诊断学习者对练习题中所包含知识点的掌握情况，从而极大地限制了其在个性化教学服务中的实际应用。

因此，深度知识追踪模型优化的关键问题在于解决长依赖关系建模难题，提升模型的可解释性，以更好地适应教育教学领域多元需求。

### 3.1.3　深度知识追踪模型优化操作步骤

深度知识追踪模型优化过程包括问题定义和场景分析、理论依据描述、模型设计与修改、交叉验证与泛化性能分析等一系列操作步骤，如图 3 - 1 所示。这四个步骤形成了一个循环迭代的优化过程，结合理论知识和实际数据，不断调整和完善深度知识追踪模型，以确保模型在实际教育教学场景中能够更准确、高效地提供知识追踪服务。

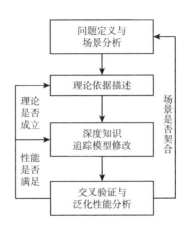

**图 3 - 1　深度知识追踪模型优化操作步骤**

问题定义和场景分析是整个优化过程的起点。深入分析模型的应用场景，例如在线学习平台或个性化教育系统等，深入挖掘应用场景的教育教学特征。基于上述分析，明确深度知识追踪模型要解决的具体教育问题，并将问题转换为数学化描述，为后续操作提供清晰的问题背景和任务定义。

理论依据描述阶段涉及对深度知识追踪模型优化的相关理论内容，包括所依据的教育学或心理学理论以及深度学习算法技术原理，如布鲁姆教育目标分类学、循环神经网络（RNN）、长短时记忆网络（LSTM）或注意力机制等，此步骤能为后续模型设计和优化操作提供理论指导。

模型设计与修改是模型优化操作的关键步骤。根据前述的理论依据对模型进行修改，以提高其性能和适应性。例如，通过挖掘实际问题特征，丰富模型组成要素，增加模型层次与节点，引入新的注意力机制，以调整模型结构；结合知识点权重或时间衰减等因素，设计更适合深度知识追踪目标的损失函数；融合教育领域专业知识，强化模型对学习者学习过程的理解。从模型优化整体结构分析理论依据是否合理并能有效融入，形成理论应用与模型优化迭代设计循环体。

交叉验证与泛化性能分析是优化过程的验证和评估阶段。通过采用交叉验证方法，将数据集划分为训练集和验证集，评估模型在不同数据子集上的性能。调整超参数并评估泛化性能，确保模型在未应用的数据集上也能表现出色。同时，交叉验证与泛化性能分析结果不仅是对模型优化性能的评价，也是对问题求解效率和场景的适应性验证，形成模型优化操作循环迭代过程，为深度知识追踪模型优化提供系统性的方法。

## 3.2　融入梯度提升回归树的深度知识追踪模型优化方法

在诊断学习者的知识状态时，将学习过程多维特征因素融入知识追踪模型有助于提升知识追踪模型的预测效果。本节设计了一种融入梯度提升回归树的深度知识追踪模型优化方法，选用动态键值记忆网络作为建模方法，获取学习者的学习能力和练习题难度等信息，并将其与学习者的学习过程信息结合，利用梯度提升回归树预测学习者正确作答下一个练习题的概率。

### 3.2.1　动态键值记忆网络模型

为了解决深度学习知识追踪模型难以准确判断学习者对具体知识点掌

握情况的问题，研究者提出了动态键值记忆网络知识追踪模型（DKVMN），该模型在记忆增强神经网络的基础上进行了改进，旨在利用潜在知识点之间的关系，直接输出学习者对每个知识点的掌握程度（Zhang et al.，2017）。DKVMN 模型结构如图 3-2 所示，包含了两个关键矩阵：键矩阵和值矩阵。在模型的运作过程中，这两个矩阵发挥着重要的作用。键矩阵 $M^k \in R^{N \times d_k}$ 是固定不变的，其主要功能是用于存储练习题的知识权重向量，这些权重向量反映了练习题的知识关联性；值矩阵 $M^v \in R^{N \times d_v}$ 是可变的，用于存储学习者的知识状态，并通过读操作和写操作不断更新学习者的知识状态，以反映学习者对各个知识点的掌握情况。键矩阵和值矩阵均有 $N$ 个记忆槽，状态维度分别为 $d_k$ 和 $d_v$，这种设计使得模型能够存储和处理多维度的知识信息，更好地适应复杂的学习场景。DKVMN 模型结构功能主要分为权重计算、读操作和写操作三部分。

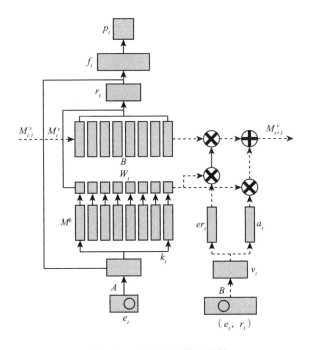

图 3-2　DKVMN 模型结构

### 3.2.1.1 权重计算

将学习者作答的练习题 $e_t$ 与嵌入矩阵 $A \in R^{E \times d_k}$ 相乘得到一个连续的嵌入向量 $k_t \in R^{d_k}$，$E$ 表示练习题的总数量；将嵌入向量 $k_t$ 与键矩阵中的每个记忆槽 $M^k(i)$ 做内积，最后通过 $Softmax$ 函数获得练习题 $e_t$ 的知识权重 $w_t \in R^N$，如式（3-1）所示，知识点的权重反映了练习题之间的知识关联性。每个练习题的知识权重和为1，即 $\sum_{i=1}^{N} w_t(i) = 1$ 。

$$w_t(i) = Softmax(k_t^T M^k(i))x \tag{3-1}$$

### 3.2.1.2 读操作

读操作的主要功能在于预测学习者正确作答下一练习题的概率。当模型获得练习题标签 $e_t$ 时，通过权重计算操作获取其知识权重 $w_t$，将知识权重作为系数对值矩阵 $M^v$ 的每个记忆槽进行加权求和，获得读内容 $r_t$，如式（3-2）所示。

$$r_t = \sum_{i=1}^{N} w_t(i) M_t^v(i) \tag{3-2}$$

读内容 $r_t$ 可被视作学习者对练习题 $e_t$ 所包含的知识点的掌握程度。由于每个练习题的难度不同，将读内容 $r_t$ 和嵌入向量 $k_t$ 连接，并通过带有 $Tanh$ 激活函数的一个全连接层获得特征向量 $f_t$，包含了学习者的知识状态和练习题的难度信息，如式（3-3）所示。

$$f_t = Tanh(W_f^T[r_t, k_t] + b_f) \tag{3-3}$$

最后，将特征向量 $f_t$ 通过带有 $Sigmoid$ 激活函数的一个全连接层预测学习者正确作答练习题 $e_t$ 的概率 $p_t$，如式（3-4）所示。

$$p_t = Sigmoid(W_p^T f + b_p) \tag{3-4}$$

### 3.2.1.3　写操作

写操作的功能在于根据学习者的作答情况更新值矩阵。学习者作答完练习题 $e_t$ 后，其作答情况向量（$e_t$，$r_t$）与嵌入矩阵 $B \in R^{2E \times d_v}$ 相乘得到完成练习后的知识增长向量 $v_t \in R^{d_v}$。为了更好地模拟人类的遗忘和记忆过程，将学习者的知识增长写入值矩阵时，擦除学习者可能已经遗忘的知识，添加学习者可能已经记住的新知识。DKVMN 模型根据知识增长向量 $v_t$ 计算擦除向量 $er_t \in R^{d_v}$ 和添加向量 $a_t \in R^{d_v}$，如式（3 – 5）和式（3 – 6）所示。

$$er_t = Sigmoid(ER^t v_t + b_{er}) \tag{3 – 5}$$

$$a_t = Tanh(D^t v_t^{adap} + b_a) \tag{3 – 6}$$

更新值矩阵时，先根据擦除向量 $er_t$ 擦除遗忘记忆，然后根据添加向量 $a_t$ 更新值矩阵记忆向量。式中，$\widehat{M}_t^v$ 表示去除掉遗忘部分后的值矩阵，$M_t^v$ 表示更新后的最终值矩阵，即学习者作答完成后获得的最终知识状态，如式（3 – 7）和式（3 – 8）所示。

$$\widehat{M}_t^v(i) = M_{t-1}^v(i)\left[1 - w_i(i)\,er_t\right] \tag{3 – 7}$$

$$M_t^v(i) = \widehat{M}_t^v(i)\left[1 + w_i(i)\,a_t\right] \tag{3 – 8}$$

## 3.2.2　梯度提升回归树

梯度提升回归树（gradient boosting regression tree，GBRT）是一种强大的集成学习方法，采用提升法（boosting）策略，能够通过整合多个决策树来构建复合模型。GBRT 模型不仅适用于分类问题，还广泛应用于回归问题。在学习任务过程中，GBRT 模型首先由一个学习器对任务进行学习，使用梯度作为前学习器的残差，并通过构建回归树拟合残差。该过程迭代进行，直至满足预设条件，最终通过加权组合多个学习器获得强学习器。GBRT 模型具备非线性变换处理能力、快速收敛、高模型精度以及强抗过拟合能力，已广泛应用于多个领域。龚越等（2018）考虑路段时间序列和空间的相关性，提出了一种基于梯度提升回归树模型的城市道路行程时间预测方法，该方法充分利用 GBRT 模型的能力，通过捕捉时间和空间关系，有效地预测城市道路行程时间。此外，杨文忠等（2020）引入时间序列关系，提出了一种基于时间序列关系的梯度提升回归树交通事故模型，进一步展示了 GBRT 在交通领域的应用。唐小卫等（2022）通过分析进港航班滑入时间的影响因素，构建特征集，提出了基于梯度提升回归树的进港航班滑入时间预测方法，为航班运营提供了有力的决策支持。

在知识追踪任务中，学习者的知识状态演变是一个复杂的动态过程，涉及多个知识点的学习和记忆。GBRT 作为一种集成学习方法，通过整合多个弱学习器，能够有效处理知识点之间的关联性，提高了模型对于复杂知识关联性的建模能力；其迭代学习过程使其能够动态地适应学习者知识状态的变化，灵活地捕捉知识状态的动态演变；此外，GBRT 的模型结构天然具有一定的解释性，有助于更好地理解知识追踪模型的决策过程，为个性化教学提供依据。借鉴 GBRT 的集成学习思想和模型性能，能为知识追踪模型优化提供新的启示。

### 3.2.3  融入梯度提升回归树的深度知识追踪模型

虽然 DKVMN 模型具有出色的性能，能够输出学习者对每个知识点的掌握程度，同时也能够处理多概念问题，并且无须人工标注练习题所包含的知识点即可输出学习者对每个知识点的掌握程度，能够利用知识点之间的相关性处理多概念问题，但是 DKVMN 模型也存在一些局限性。该模型仅将练习题标签和学习者作答反应作为输入，忽略了任务难度、学习者行为特征对知识状态建模的影响；在存储知识状态的值矩阵更新时，仅考虑学习者的作答反应，致使只要作答反应相同，模型的更新量就相同，忽略了学习者当前知识状态的影响。为克服 DKVMN 模型存在的诸多局限性，本节基于 DKVMN 模型设计了一种融入梯度提升回归树的知识追踪优化模型（DKVMN – GBRT）。DKVMN – GBRT 模型考虑学习者和任务的特征，引入了自适应知识增长向量概念，更灵活地适应任务难度和学习者行为特征的变化，考虑学习者当前知识状态对值矩阵更新的影响，使模型更具智能性和适应性，DKVMN – GBRT 模型结构如图 3 – 3 所示。

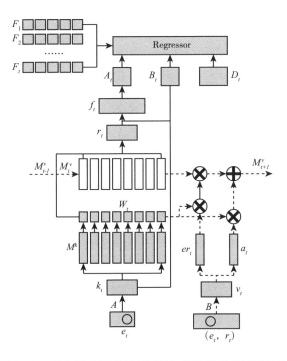

**图 3 – 3　融入梯度提升回归树的知识追踪优化模型结构**

DKVMN – GBRT 模型的权重计算和读操作与 DKVMN 模型一致。DKVMN – GBRT 模型写操作过程中，充分考虑学习者当前知识状态对值矩阵更新的影响，在计算知识增长向量 $v_t$ 后，将其与学习者特征向量 $f_t$ 结合获得新的自适应知识增长向量 $v_t^{adap}$，如式（3 – 9）所示。

$$v_t^{adap} = [v_t, f_t] \qquad (3-9)$$

根据自适应知识增长向量 $v_t^{adap}$ 计算擦除向量 $er_t^{adap}$ 和添加向量 $a_t^{adap}$，并利用新的擦除向量和添加向量更新值矩阵，如式（3-10）、式（3-11）所示。

$$er_t^{adap} = Sigmoid(E^T v_t^{adap} + b_e) \qquad (3-10)$$

$$a_t^{adap} = Tanh(D^T v_t^{adap} + b_a) \qquad (3-11)$$

特征向量 $f_t$ 在 DKVMN-GBRT 模型中扮演关键角色，包含了学习者当前的知识状态和练习题信息。这些特征向量可用于推断学习者的学习能力，同时练习题嵌入向量可用于推断练习题的难度信息（Yeung, 2019）。因此，在读操作之后，使用 $Tanh$ 激活函数的全连接层分别计算学习者的学习能力 $A_{ij}$ 和练习题难度 $D_j$。计算公式如式（3-12）、式（3-13）所示。

$$A_{ij} = Tanh(W_A f_t + b_A) \qquad (3-12)$$

$$D_j = Tanh(W_D k_t + b_D) \qquad (3-13)$$

其中，$A_{ij} \in (-1,1)$ 表示 $t$ 时刻学习者 $i$ 对练习题 $e_t$ 的学习能力，$D_j \in (-1,1)$ 表示 $t$ 时刻练习题 $e_t$ 的困难程度。

为充分利用挖掘得到的学习者特征，DKVMN-GBRT 模型将学习者的学习能力、练习题的难度信息以及学习者行为特征 $B$（如作答次数、时间等）汇总，形成学习者特征集合 $SF = (A, D, B)$，特征集合作为历史学习者特征的自变量，即以 $SF = \{(A_1, D_1, B_1), (A_2, D_2, B_2), \cdots, (A_{t-1}, D_{t-1}, B_{t-1})\}$ 作为输入，学习者作答反应序列 $R = (r_1, r_2, \cdots, r_{t-1})$ 作为因变量，训练 DKVMN-GBRT 模型中的 GBRT 回归部分，预测 $t$ 时刻学习者正确作答 $e_t$ 的概率 $p_t$。

DKVMN-GBRT 模型使用预测值 $p_t$ 与真实值 $r_t$ 的交叉熵作为损失函数，通过损失函数最小化来更新嵌入矩阵 $A$ 和 $B$、权重矩阵 $W$ 以及偏置向量 $b$ 等模型参数，计算公式如式（3-14）所示。

$$L = -\sum_t [r_t \log p_t + (1 - r_t)\log(1 - p_t)] \qquad (3-14)$$

## 3.2.4 优化方法性能分析

模型回归预测部分选取随机森林（RF）、逻辑回归（LR）、回归树（DT）

建模技术，构建了 DKVMN – RF、DKVMN – LR、DKVMN – DT 对照模型，将
DKVMN – GBRT、DKVMN 以及上述 3 个对照模型应用于 ASSISTments2009、
Algebra 2005—2006 以及 Bridge to Algebra 2006—2007 公开数据集开展对比实
验。按照 7∶3 比例将数据集划分为训练集和测试集，通过 5 折交叉验证法处
理训练集，将其分为训练集和验证集，验证集用于选择最优的模型参数。

模型参数初始化设置方面：DKVMN 模型使用均值为 0 的高斯分布随机
生成初始参数，初始学习率设置为 0.05，batch_size 设置为 32，采用带动量
和范数剪裁的 SGD 优化器训练模型，动量设置为 0.9，范数剪裁阈值设置为
50。采用 Scikit-Learn 库中的 GradientBoostingRegressor 函数实现 DKVMN –
GBRT 模型回归部分，设置 GBRT 弱学习器的最大深度为 3，弱学习器的个
数为 100，学习率为 0.1，损失函数为最小二乘函数。

### 3.2.4.1　AUC 评价指标性能分析

采用接收者操作特征曲线下面积（AUC）（Ling et al., 2003）作为知识追
踪模型的预测效果评价指标。各模型在 3 个数据集上的 AUC 值如表 3 – 1 所示。

表 3 – 1　　　　　　　　　　　知识追踪模型 AUC 值

| 模型 | ASSISTments 2009 | Algebra 2005—2006 | Bridge to Algebra 2006—2007 |
|---|---|---|---|
| DKVMN | 0.8313 | 0.7516 | 0.8325 |
| DKVMN – DT | 0.8225 | 0.6940 | 0.8166 |
| DKVMN – LR | 0.8740 | 0.8325 | 0.8417 |
| DKVMN – RF | 0.9057 | 0.7845 | 0.8442 |
| DKVMN – GBRT | 0.9293 | 0.8636 | 0.8531 |

DKVMN – GBRT 模型在 3 个数据集上的预测效果均显著优于其他模型。具
体而言，在 ASSISTments 2009 数据集上，该模型的 AUC 值达到了 0.9293，相较
于 DKVMN 模型提高了 0.098；在 Algebra 2005—2006 数据集上，DKVMN –
GBRT 的 AUC 值为 0.8636，相较于 DKVMN 模型提高了 0.112；而在 Bridge
to Algebra 2006—2007 数据集上，AUC 值达到了 0.8531，相较于 DKVMN 模

型提高了 0.0206。

DKVMN - GBRT 模型充分考虑了学习者的学习能力、行为特征以及练习题的任务难度等教育特征；在更新值矩阵时，模型还综合考虑了学习者当前知识状态的影响，从而显著提升了模型的预测准确率；相较之下，由于 DKVMN - DT 模型采用了单一浅层的决策树算法，其预测精度明显低于其他四个知识追踪模型。在数据集特性方面，Algebra 2005—2006 数据集中学习者数量较少、练习数量较多，学习者做题的重复率相对较低。而 ASSISTments 2009 数据集则呈现相反的特性，练习数量相对较少，但学习者做题的重复率较高。这些特性导致了 DKVMN 模型在这两个数据集上的预测效果存在较大差异。而 DKVMN - GBRT 模型通过引入更多学习者和任务特征，有效地缓解了这类问题，表现出较强的模型适应性。

### 3.2.4.2 模型拟合性分析

过拟合通常表示模型在训练集上表现良好，但在处理未知数据时性能下降。通过对比不同模型在训练集和验证集上的 AUC 曲线，分析模型泛化能力的表现。如图 3 - 4 所示，在 ASSISTments 2009 和 Algebra 2005—2006 数据集上，DKVMN - RF 模型和 DKVMN - DT 模型存在过拟合现象，表明这两个模型在训练集上遇到了一些噪声或特定的数据模式，但模型在验证集上并不适用，导致了性能下降。对于 DKVMN 模型，在 Algebra 2005—2006 和 Bridge to Algebra 2006—2007 数据集上，在训练 5 代后训练和验证 AUC 曲线的差异迅速增大，显示了过拟合现象；然而，在 ASSISTments 2009 数据集上，DKVMN 模型表现较好，可能是因为该数据集特性使得模型更难过拟合。相比之下，DKVMN - GBRT 模型和 DKVMN - LR 模型在 3 个数据集上都展现了较好的泛化能力，训练和验证 AUC 曲线保持接近直至收敛，表明模型在训练期间学到的模式更具有普适性，能够更好地适应未知数据。凸显了 DKVMN - GBRT 模型在综合考虑学习者和任务特征的同时，保持了良好的泛化性能。

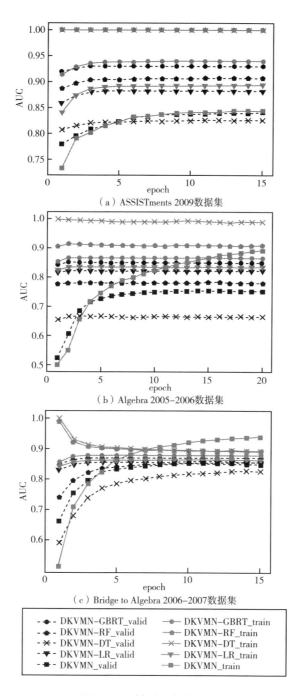

（a）ASSISTments 2009数据集

（b）Algebra 2005–2006数据集

（c）Bridge to Algebra 2006–2007数据集

- · -●- · DKVMN-GBRT_valid　　—●— DKVMN-GBRT_train
- · -⬟- · DKVMN-RF_valid　　—⬟— DKVMN-RF_train
- · -✕- · DKVMN-DT_valid　　—✕— DKVMN-DT_train
- · -▼- · DKVMN-LR_valid　　—▼— DKVMN-LR_train
- · -■- · DKVMN_valid　　—■— DKVMN_train

图 3−4　模型拟合性分析

## 3.3　自注意力机制与双向 GRU 协同的深度知识追踪模型优化方法

深度知识追踪模型因建模技术存在梯度消失问题，难以处理学习者练习数据的长依赖关系。本节设计了一种自注意力机制与双向 GRU 协同的深度知识追踪模型优化方法，该优化方法利用双向门控循环神经网络建模学习者的学习过程，进而获得学习者练习后的知识状态，再利用自注意力机制模型计算练习题之间的相关性特征，将学习者练习后的知识状态和练习题之间的相关性特征用于预测学习者正确作答下一练习题的概率。自注意力机制与双向 GRU 协同的深度知识追踪模型优化方法充分考虑了练习题的先后顺序关系和相关性，能较好地处理练习题之间的长依赖关系。

### 3.3.1　自注意力机制

自注意力机制是注意力机制的一种变体算法（Vaswani et al.，2017），模拟了人类视觉的关注机制。当人类观察外界事物时，往往会集中关注目标部分的细节，而不是进行全局性的分析。作为变体算法的自注意力机制（self-attention mechanism，SA）强调对数据内部的自相关性特征挖掘，弱化外部信息的参考权重。这使它能够更充分地利用局部特征信息，赋予序列中的不同元素不同的注意权重，从而更好地捕获序列中的长依赖关系。在神经网络中，自注意力机制通常与 LSTM 等技术结合使用，已经在自然语言处理等领域得到了广泛应用。

自注意力机制的核心是注意力函数，其运算过程涉及查询（query）到一系列键值对（key-value pairs）的映射，其计算过程如式（3-15）所示。

$$Attention(Query, Source) = \sum_{i=1}^{t} Similarity(Query_i, Key_i) \times Value_i$$

$$(3-15)$$

具体而言，通过计算查询与键之间的相似性，得到相似性原始分值，再进行归一化处理获得权重系数。最终，根据这些权重系数对值进行加权求和，得到包含了重要信息的综合特征。在计算相似性时，可以采用向量点积、余弦函数等方式，同时引入掩码操作以遮盖数据序列中填充的无效信息，确保数据序列长度的一致性。

此外，多头注意力机制是自注意力机制的一种扩展形式，其核心思想在于同时进行多组注意力计算。在运算过程中，首先对查询（$Query$）、键（$Key$）、值（$Value$）进行线性变换，然后分别进行多组注意力运算，每组注意力运算都会产生一个注意力结果，最后将这些多次注意力结果拼接，并通过线性变换得到最终的多头注意力的函数值。通过引入多头注意力，模型可以同时关注序列中不同位置的重要信息，从而更好地捕捉序列内部的关联性和长依赖关系。在深度知识追踪模型中，多头注意力机制应用能有效增强模型对序列信息的抽象和表达能力，通过更灵活地对待序列中的不同部分，多头注意力有助于更准确地捕捉学习者在知识追踪过程中的变化和复杂关系，提升了模型的整体性能。

## 3.3.2　双向门控循环神经网络

门控循环神经网络（gate recurrent Unit，GRU）是一种循环神经网络变体模型，该模型结构简单，仅包含更新门和重置门，参数少，训练速度更快，有效克服了循环神经网络中梯度消失问题。GRU 模型结构如图 3 - 5 所示。

更新门 $z_t$ 负责控制上一时刻隐藏状态 $h_{t-1}$ 的遗忘程度和当前时刻哪些信息能够进入记忆，更新门 $z_t$ 的值越大表示遗忘信息越少。重置门 $r_t$ 负责控制

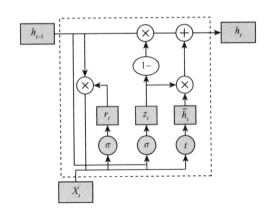

图 3 – 5　GRU 模型结构

上一时刻隐藏状态 $h_{t-1}$ 有多少信息被用于计算当前时刻候选状态 $\tilde{h}_t$。图 3 – 5 各变量的具体计算如式（3 – 16）~ 式（3 – 20）所示。

输入：
$$x_{input} = Concat(h_{t-1}, x_t) \tag{3 – 16}$$

重置门：
$$r_t = Sigmoid(w_r x_{input} + b_r) \tag{3 – 17}$$

候选状态：
$$\tilde{h}_t = Tanh([r_t \odot h_{t-1}, x_{input}] w_h + b_h) \tag{3 – 18}$$

更新门：
$$z_t = Sigmoid(w_z x_{input} + b_z) \tag{3 – 19}$$

隐藏状态：
$$h_t = z_t \odot \tilde{h}_t + (1 - z_t) h_{t-1} \tag{3 – 20}$$

引入双向机制后的双向门控循环神经网络（Bi – GRU）由正向和反向两个 GRU 构成。正向 GRU 用于从前往后建模数据，而反向 GRU 则从后往前建模数据。将这两个 GRU 的输出进行合并（拼接或求和），得到最终的输出。Bi – GRU 结构如图 3 – 6 所示，双向设计使得当前时刻的状态信息既包含了前一时刻的信息，也包含了后一时刻的信息，从而更全面地捕捉数据序列的先后顺序关系。在深度知识追踪模型中，双向门控循环神经网络的引入有助于更高效地建模学习者的知识状态变化；其灵活的门控机制和双向结构使模型能够更好地捕捉序列中的长依赖关系，提升了对知识追踪任务的建模能力。

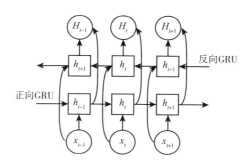

图 3 - 6　双向 GRU（Bi - GRU）结构

### 3.3.3　自注意力机制与双向 GRU 协同的深度知识追踪模型

在当前深度知识追踪模型研究中，随着隐藏层增加，循环神经网络常常遭遇梯度消失或梯度爆炸问题，限制了通过增加网络层来改善预测效果的可能性。同时，研究者发现在 DKT 模型中存在着预测结果与学习者实际作答表现的不一致性和知识状态在时间步之间的不一致性，而且认为是模型难以处理长序列输入数据原因造成的（Yeung et al.，2018；Zhu et al.，2020）。针对上述问题，本节基于自注意力机制和双向门控循环神经网络设计了一种自注意力机制与双向 GRU 协同的深度知识追踪模型（KTSA - BiGRU）。

KTSA - BiGRU 模型结构如图 3 - 7 所示，通过引入 Bi - GRU 神经网络，模型能较全面考虑学习者过去和未来的上下文序列信息，有效综合学习者的动态变化，提高了模型对长依赖关系的捕捉能力；在深度知识追踪模型中嵌入自注意力机制，为注意力权重设定初始值，并通过学习的方式不断更新这些权重，使模型能够更精确地反映输入练习题之间的关系，自适应地调整对不同练习题的关注程度。

KTSA - BiGRU 模型由两部分组成：Bi - GRU 建模和 SA 协同预测。Bi - GRU 建模部分的输入数据为学习者的历史练习序列 $X_t = (x_1, x_2, \cdots, x_t)$，经过独热编码将每个学习者练习交互 $x_t$ 转换为长度为 2 倍练习题数量的嵌

63

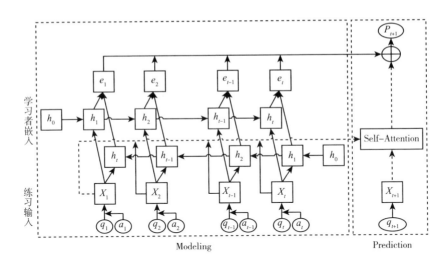

图 3 - 7　KTSA - BiGRU 模型

入向量。将嵌入向量同时输入正向 GRU 和反向 GRU，获得双向隐藏状态 $\tilde{h}_t$ 和 $h_t$，通过拼接双向隐藏状态信息获得最终的隐藏状态 $H_t$，其包含了当前时刻练习题的先后顺序特征，计算公式如式（3 - 21）所示。

$$H_t = \tilde{h}_t \oplus h_t \qquad (3 - 21)$$

SA 协同预测部分同样以学习者的历史练习序列 $X_t = (x_1, x_2, \cdots, x_t)$ 作为输入，挖掘练习题之间的相关性。为从不同子空间处理信息，使用不同的映射矩阵对查询矩阵、键矩阵和值矩阵进行 $s$ 次线性映射，并进行多头注意力计算。多头注意力计算结果 $Multi$ 为线性结合，如式（3 - 22）所示；利用前反馈网络综合不同空间的注意力结果，最终获得练习题相关性特征信息 $F_t$，如式（3 - 23）所示；最后，将练习题相关性特征信息 $F_t$ 与隐藏状态 $H_t$ 结合输送至 $Sigmoid$ 激活函数的全连接层，获得学习者正确作答下一练习题的概率 $p_t$，如式（3 - 24）所示。

$$Multi = Concat(head_1, head_2, \cdots, head_s) w_m \qquad (3 - 22)$$

$$F_t = RELU(Multi w_1 + b_1) w_2 + b_2 \qquad (3 - 23)$$

$$p_t = Sigmoid(w_p [H_t \oplus F_t] + b_p) \qquad (3 - 24)$$

## 3.3.4 优化方法性能分析

选择 BKT、DKT 和 DKT + 作为对照模型，在 ASSISTments2009、ASSISTments2015 和 Bridge to Algebra 2006 – 2007 三个数据集上开展对比实验，按照 8∶2 的比例将数据集划分为训练集和测试集。其中，DKT + 模型通过对损失函数正则化的方式增强 DKT 模型的性能。

模型参数初始化设置方面：DKT 模型隐藏层数量设置为 100，批处理尺寸 batch_size 设置为 64，学习率设置为 0.01。为了评估正则化优化的效果，DKT + 模型与 DKT 模型的参数设置相同。KTSA – BiGRU 模型隐藏层数量设置为 100，批处理尺寸 batch_size 设置为 128，多头注意力数量为 5 个，学习率设置为 0.02。DKT、DKT + 和 KTSA – BiGRU 模型均使用 Adam 作为优化器。

### 3.3.4.1 评价指标分析

选取接收者操作特征曲线下面积（AUC）、准确率（ACC）和精确率（Precision）作为评价指标，分析各模型的预测效果，各模型评价指标对比情况如表 3 – 2 ~ 表 3 – 4 所示。精确率指预测为正的样本中实际为正的样本所占的比例，精确率能够有效地表明模型处理不平衡数据的性能。

表 3 – 2　　　　知识追踪模型 AUC 评价指标对比情况

| 模型 | ASSISTments2009 | ASSISTments2015 | Bridge to Algebra 06 – 07 |
| --- | --- | --- | --- |
| BKT | 0.712 | 0.575 | 0.782 |
| DKT | 0.853 | 0.713 | 0.897 |
| DKT + | 0.860 | 0.768 | 0.909 |
| KTSA – BiGRU | 0.949 | 0.939 | 0.958 |

表 3 – 3　　　　知识追踪模型 ACC 评价指标对比情况

| 模型 | ASSISTments2009 | ASSISTments2015 | Bridge to Algebra 06 – 07 |
| --- | --- | --- | --- |
| BKT | 0.762 | 0.745 | 0.825 |
| DKT | 0.815 | 0.764 | 0.915 |
| DKT + | 0.885 | 0.836 | 0.920 |
| KTSA – BiGRU | 0.943 | 0.940 | 0.930 |

表 3 - 4                 知识追踪模型精确率评价指标对比情况

| 模型 | ASSISTments2009 | ASSISTments2015 | Bridge to Algebra 06 - 07 |
|------|-----------------|-----------------|----------------------------|
| BKT | 0.753 | 0.856 | 0.889 |
| DKT | 0.872 | 0.903 | 0.916 |
| DKT + | 0.887 | 0.907 | 0.917 |
| KTSA - BiGRU | 0.927 | 0.930 | 0.920 |

由表 3 - 2 ~ 表 3 - 4 可知：BKT 模型预测效果最差，这说明 BKT 模型在处理多知识点练习题和大规模数据时存在一定的局限性，可能由于其采用隐马尔可夫模型的方式受到限制；DKT 模型由于梯度消失问题，尽管相较于 BKT 模型有所提升，但仍然处于预测效果的中等水平；DKT + 模型通过引入正则化参数成功抑制了 DKT 模型隐藏状态的波动，从而在预测效果上取得了显著提升；KTSA - BiGRU 模型在所有指标上均取得了出色的表现，通过构建包含先后顺序信息的隐藏状态，并赋予练习序列不同的权重，该模型成功解决了 DKT 模型无法处理的长依赖关系问题。

### 3.3.4.2   模型拟合性分析

通过对比 DKT、DKT + 和 KTSA - BiGRU 模型在 3 个数据集上的训练集和测试集 AUC 曲线，分析模型的拟合性能。如图 3 - 8 所示，KTSA - BiGRU 模型在 3 个数据集上表现相对稳定，显示出良好的拟合性能。在 ASSISTments 2009 数据集上，DKT 模型的曲线出现明显波动，这反映了 DKT 模型在预测结果与学习者作答表现之间存在不一致性，导致预测结果的不稳定性；相比之下，DKT + 模型虽然通过添加正则化参数解决了部分不稳定性问题，但并未能有效抑制过拟合现象。在 ASSISTments 2015 数据集上，可能由于测试集自身原因，DKT 和 KTSA - BiGRU 模型均呈现测试集效果优于训练集的现象，模型在测试集上的表现可能受到较大的波动，需要在后续研究中更深入地探讨该现象的原因。对于 Bridge to Algebra 2006 - 2007 数据集，由于学习者较少但练习题较多，每个学习者练习了大量不同的题目，因此模型曲线在迭代 10 次后趋于平稳。然而，DKT 模型在前期表现出较大的波动，可能与数据特点和模型结构的交互作用有关。

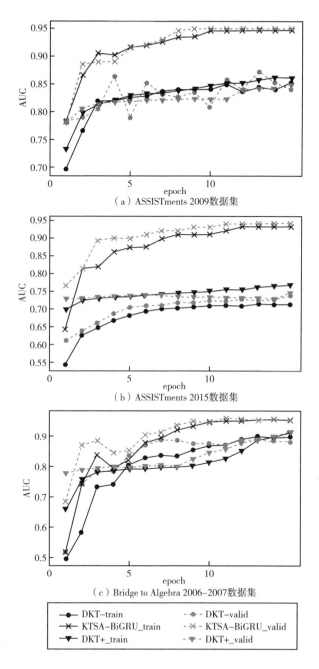

（a）ASSISTments 2009数据集

（b）ASSISTments 2015数据集

（c）Bridge to Algebra 2006–2007数据集

图 3 – 8　模型拟合性分析

## 3.4　基于产生式迁移的深度知识追踪模型优化方法

深度知识追踪模型将学习者知识状态表征为高维、连续的特征，在一定程度上解决了传统知识追踪模型面临的问题，但也存在一定局限。DKT 模型无法输出学习者对各知识点的掌握程度；现有深度学习知识追踪模型仅根据当前作答反应更新学习者知识掌握状态，忽略了学习迁移对知识追踪的影响。针对上述问题，本节基于动态键值记忆网络和 Q 矩阵提出基于产生式迁移的深度知识追踪优化模型（knowledge tracking based on production Transfer Theory，PTKT），将学习者在练习中获得的陈述性知识和程序性知识看作一个整体，用知识增长矩阵对其进行表示，在记忆矩阵更新时，以历史知识增长矩阵序列作为输入，利用自注意力机制构建学习者学习迁移过程，根据包含学习迁移影响的值矩阵预测学习者的知识掌握程度，提高知识追踪模型的服务性能。

### 3.4.1　产生式迁移理论

在深度知识追踪模型的优化研究中，产生式迁移理论是一种重要的理论框架，为解释学习迁移机制提供了认知心理学的视角。迁移一直是备受关注的心理现象，早在美国心理学家桑代克提出时，迁移就被认为是先前学习对后继学习的影响的重要现象。现代迁移理论更为全面地定义了学习迁移，将其视为在一种情境中获得的知识、技能或态度对另一种情境下获得新知识、技能或解决新问题的影响。产生式迁移理论引入了产生式的概念，将计算机科学领域中的产生式概念引入心理学研究。产生式是关于条件和活动的解释规则，将内部知识与外在活动联系起来，其形式为："如果满足条件，就执行相应的活动"。产生式迁移理论建立在自适应控制理论的基础上，强调了两项技能产生式的重叠程度对于迁移量的影响（Axten et al.，1973）。产生式迁移理论已广泛应用于教育教学领域，王岚（2004）

研究和实现了基于产生式的自适应学习模型迁移方法；徐燕平（2007）以产生式迁移理论为指导，探索了高中有机化学教学改革方式。

知识分为陈述性知识和程序性知识，陈述性知识是关于"是什么"的概念或原理等知识，程序性知识是关于"怎么做"的过程或操作程序。在深度知识追踪模型的优化中，产生式迁移理论的应用在于解释学习者在练习过程中获得的知识和技能是如何相互影响的。该理论将学习迁移分为陈述性向程序性的迁移、陈述性向陈述性的迁移、程序性向陈述性的迁移、程序性向程序性的迁移四类，为深度知识追踪模型优化构建提供了理论依据。本节介绍的知识追踪模型优化方法中未具体区分陈述性知识和程序性知识，而是将学习者在练习过程中获得的陈述性知识和程序性知识视为一个整体，将学习迁移看作知识掌握整体间的相互影响。这为深度知识追踪模型的实际应用提供了一种简化的方法，使模型更具可操作性。

### 3.4.2  基于产生式迁移的深度知识追踪模型

针对深度知识追踪模型对学习者学习迁移过程考虑相对不足问题，本节以产生式迁移理论为基础，设计了基于产生式迁移的深度知识追踪优化模型（PTKT），用知识增长矩阵表示学习者练习后获得的知识和技能，以历史知识增长矩阵序列为输入，利用自注意力机制构建学习者学习迁移过程，根据包含学习迁移影响的值矩阵预测学习者正确回答下一问题的概率。该模型包括权重计算层、学习迁移层和预测层，模型结构如图 3 - 9 所示。

权重计算层负责计算练习与各知识点之间的相关权重。先将练习 $q_t$ 与嵌入矩阵 $A \in R^{Q \times d_k}$ 相乘得到一个包含练习特征信息的嵌入向量 $k_t \in R^{d_k}$，然后对嵌入向量 $k_t$ 和键矩阵 $M^k \in R^{N \times d_k}$ 中的每个记忆槽 $M^k(i)$ 做内积，最后通过 Softmax 函数获得各知识点相关权重 $w_{t(i)} \in R^N$。

学习迁移层负责构建学习者学习迁移过程，更新学习者对各知识点的知识掌握程度。在学习者完成练习 $q_t$ 后，利用权重计算层获得练习 $q_t$ 的知

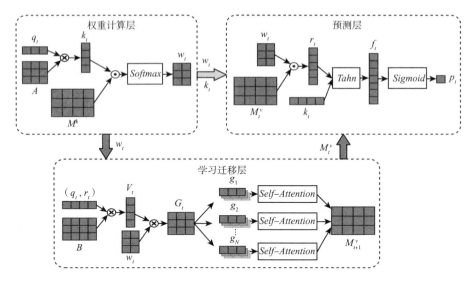

图 3 – 9　PTKT 模型结构

识相关权重 $w_t$，将知识相关权重与学习者综合知识增长向量 $V_t$ 相乘获得知识增长矩阵 $G_t \in R^{N \times d_v}$；将历史练习序列中各知识点知识增长向量集合 $g_i = \{G_1(i), G_2(i), \cdots, G_t(i)\}$ 分别与位置嵌入矩阵 $P \in R^{t \times d_v}$ 相加，获得带有位置信息的新矩阵 $GP(i)$；利用自注意力机制从不同子空间处理信息，使用不同的映射矩阵对查询矩阵、键矩阵和值矩阵进行 $h$ 次线性映射，并进行多头注意力计算；利用前反馈网络计算历史知识点知识增长的加权求和结果，获得学习者练习后对各知识点的掌握状态矩阵 $M^v_{t+1}$。

　　预测层负责预测学习者正确回答下一问题的概率。当模型需要预测学习者对练习 $q_t$ 的作答反应时，先利用权重计算层获得的练习 $q_t$ 的知识相关权重 $w_t$ 与学习迁移层获得的值矩阵 $M^v_t \in R^{N \times d_v}$ 中每个记忆槽 $M^v_t(i)$ 相乘并加权求和，获得学习者对练习 $q_t$ 中包含的各知识点的加权掌握程度向量 $r_t$；然后将学习者知识加权掌握程度向量 $r_t$ 与权重计算层获得的嵌入向量 $k_t$ 进行拼接，并通过一个带有 $Tanh$ 激活函数的全连接层获得包含学习者知识加权掌握程度和练习特征的特征向量 $f_t$；最后将特征向量 $f_t$ 输入到一个带有 $Sigmoid$ 激活函数的全连接层，获得学习者正确回答练习 $q_t$ 的概率 $p_t$。

### 3.4.3　优化方法性能分析

选择动态键值记忆网络模型（DKVMN）、自注意力机制模型（SAKT）作为对比基线方法，在 ASSIST2009、ASSIST2017 和 Statics2011 三个公开数据集上开展对比实验。按照 7∶3 的比例将数据集划分为训练集和测试集，使用 5 折交叉验证，取五次结果的平均值作为模型最终结果。模型参数设置如表 3 - 5 所示。

表 3 - 5　　　　　　　　　　模型参数设置

| 参数 | DKVMN 模型 | SAKT 模型 | PTKT 模型 |
|---|---|---|---|
| batch_size | 32 | 128 | 32 |
| block | — | 1 | $d_v$ |
| head | — | 2 | 1 |
| dropout | — | 0.2 | 0.2 |
| 优化器 | Adam | Adam | Adam |
| 优化器学习率 | 0.003 | 0.001 | 0.003 |
| 最大序列长度 | 200 | 50 | 200 |

#### 3.4.3.1　评价指标分析

选取 AUC、ACC、MAE 以及 RMSE 作为评价指标，分析各模型的预测效果，各模型评价指标对比情况如表 3 - 6 ~ 表 3 - 9 所示。

表 3 - 6　　　　　　知识追踪模型 AUC 评价指标对比情况

| 模型 | ASSIST 2009 | ASSIST 2017 | Statics2011 |
|---|---|---|---|
| DKVMN | 0.814 | 0.702 | 0.807 |
| SAKT | 0.866 | 0.640 | 0.782 |
| PTKT | 0.899 | 0.926 | 0.886 |

表 3 - 7　　　　　　知识追踪模型 ACC 评价指标对比情况

| 模型 | ASSIST 2009 | ASSIST 2017 | Statics2011 |
|---|---|---|---|
| DKVMN | 0.769 | 0.681 | 0.801 |
| SAKT | 0.810 | 0.659 | 0.793 |
| PTKT | 0.823 | 0.842 | 0.842 |

表 3 - 8 　　　　　　　　知识追踪模型 **MAE** 评价指标对比情况

| 模型 | ASSIST 2009 | ASSIST 2017 | Statics2011 |
|---|---|---|---|
| DKVMN | 0.231 | 0.326 | 0.201 |
| SAKT | 0.190 | 0.342 | 0.216 |
| PTKT | 0.181 | 0.167 | 0.163 |

表 3 - 9 　　　　　　　　知识追踪模型 **RMSE** 评价指标对比情况

| 模型 | ASSIST 2009 | ASSIST 2017 | Statics2011 |
|---|---|---|---|
| DKVMN | 0.481 | 0.561 | 0.451 |
| SAKT | 0.412 | 0.473 | 0.388 |
| PTKT | 0.425 | 0.406 | 0.404 |

PTKT 模型在 AUC 指标和 ACC 指标上分别实现了 3.29% ~ 28.62% 和 1.3% ~ 18.28% 的提升。这表明 PTKT 模型的性能相对更为出色。其成功之处在于将学习者的学习迁移过程融入模型，通过自注意力机制赋予历史学习对当前练习不同权重的影响，更符合真实学习规律。相比于 ASSIST 2009 数据集，ASSIST 2017 数据集和 Statics2011 数据集中的学习者平均练习序列较长，导致 SAKT 模型难以充分利用全部练习序列，因此在这两个数据集上的表现不如 DKVMN 模型；PTKT 模型综合了 DKVMN 模型和 SAKT 模型的特点，通过自注意力机制和记忆网络更好地应对学习者平均练习序列过长的问题。在 RMSE 指标上，PTKT 模型在 ASSIST 2017 数据集上优于 DKVMN 模型和 SAKT 模型；在 ASSIST 2009 数据集和 Statics2011 数据集上，PTKT 模型均优于 DKVMN 模型，但稍逊于 SAKT 模型。这是因为 PTKT 模型和 DKVMN 模型采用了不同的模型结构，通过计算各知识点掌握状态的加权和来预测学习者作答情况，从而导致其预测值相较于 SAKT 模型更为离散。

### 3.4.3.2　模型拟合性分析

通过对比 DKVMN、SAKT、PTKT 模型在 3 个数据集上的训练集和测试集 AUC 曲线，分析模型的拟合性能。如图 3 - 10 所示，针对 ASSIST 2009 和 ASSIST 2017 数据集，PTKT 模型和 DKVMN 模型呈现出良好的拟合性能，而

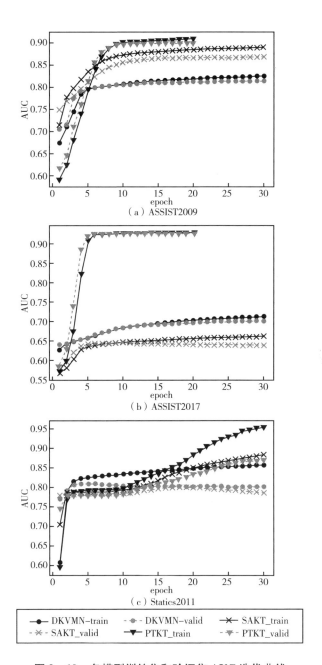

（a）ASSIST2009

（b）ASSIST2017

（c）Statics2011

DKVMN-train　- • - DKVMN-valid　SAKT_train

- × - SAKT_valid　PTKT_train　- ▼ - PTKT_valid

图 3 - 10　各模型训练集和验证集 AUC 迭代曲线

SAKT 模型则出现了不同程度的过拟合现象；在 Statics2011 数据集上，三个模型均存在过拟合现象，但值得注意的是，PTKT 模型的测试集 AUC 曲线在迭代 25 次后保持平稳，而 DKVMN 模型和 SAKT 模型的测试集 AUC 曲线分别在迭代 4 次和 16 次后呈下降趋势。总体而言，PTKT 模型在不同数据集上展现出较强的泛化能力，表明 PTKT 模型能够更好地适应未知数据，具备更可靠的推广性能，更适用于处理各种知识追踪任务。

## 3.5　本章小结

深度知识追踪模型优化研究能够提升知识追踪在个性化教学、学习支持等方面的服务效率。本章对深度知识追踪模型优化问题进行了全面梳理，提出了三种优化方法，为深度知识追踪模型优化研究工作开展提供新思路。在知识追踪模型优化研究中，要特别关注深度知识追踪模型结构的灵活设计、泛化能力的提升以及多源异构数据的融合处理，这样才能更好地增强模型对复杂而多变的学习场景的适应能力，使其能灵活、智能、全面地服务于学习者的需求。

# 第4章 知识追踪视域下学习者知识掌握状态可视化研究

学习者作为教学活动的核心参与者，其知识掌握状态的精准诊断和可视化展示对于促进个性化学习至关重要；准确了解学习者的学习情况也有助于教师及时制定有效的补救措施，实现因材施教的理念。因此，本章从知识追踪应用视角深入探讨学习者知识掌握状态的可视化研究，在阐述知识追踪视域下学习者知识掌握状态可视化问题基础上，设计知识追踪视域下学习者知识掌握状态可视化策略，开展知识追踪视域下学习者知识掌握状态可视化应用实践。

## 4.1 学习者知识掌握状态可视化概述

教学评价在课堂教学中扮演着重要的角色，不仅是反映教师教学水平和学习者学习质量的关键环节，同时也对课堂教学效果的提升具有引导和调控的功能。然而，学习是一种涉及多方面认知的复杂活动，学习者的知识状态常以一种隐性、动态的形式存在，使传统的教学评价难以全面准确地捕捉学习者的学习状况。本节将系统地探讨学习者知识掌握状态可视化的研究现状、理论依据以及问题描述，以期为知识追踪视域下学习者知识掌握状态可视化研究提供有力的理论和实践支持。

### 4.1.1　学习者知识掌握状态可视化研究现状

学习者知识掌握状态可视化是在获取学习者的知识状态后，利用可视化技术将这些信息以图表等形式呈现，是对学习者的学习数据进行解释分析的过程，涉及数据测量、收集、分析以及报告撰写等环节。数据分析和可视化在学习分析中具有重要意义，需要借助相应工具对数据进行处理，以提供对学习者状态的直观理解（牟智佳等，2016）。因此，学习者知识掌握状态可视化是学习分析和可视化领域交叉研究的重要组成部分。可视化的表征形式能够降低用户处理信息的认知负荷，支持教师和学习者更好地理解学习分析报告（胡立如等，2020）。国内外学者已对学习仪表盘、学习者画像以及个性化诊断报告等可视化学习分析工具进行了广泛研究。

学习仪表盘和学习者画像是其中两个重要方向。华立等（2010）使用风险预测模型构建学习者画像，识别不同程度问题的学习者，并提供个性化的学习服务。石艳丽（2021）基于知识图谱技术构建了学习者的知识掌握状态可视化系统。桑托斯等（2012）设计并开发了学习活动仪表盘，展示大学工程专业二年级学习者在问题解决与设计课程模块的活动数据。姜强等（2017）设计并实现了包含学习者个人、学习同伴与班级等内容的学习仪表盘。包昊罡等（2019）从知识加工、社会关系和行为模式三个维度设计了面向教师的可视化学习分析工具。杨壮壮（2021）基于自我导向理论，设计了包含学情总览、课程学习、学习时长、讨论参与、测试状况、分析建议等内容的成人学习仪表盘。学习仪表盘以及学习者画像等工具可以根据用户需求展示学习者的基本信息、活动参与度、社会关系网络以及目标完成度等不同方面的学习活动过程和数据，实现个性化、全面性以及自适应性的综合评价；然而，过于全面的评价信息可能加重教师和学习者的认知负荷，导致教师和学习者迷失前进方向。

个性化诊断报告在知识追踪领域也扮演着重要角色。青岛市招生考试办公室制定了个性化的"初中学业水平考试考生成绩报告单",其中包括考生基本信息、学科成绩和等级、学科发展雷达图以及学科知识领域表现情况(周宏锐,2018)。张明心(2019)运用改进的贝叶斯知识追踪模型诊断小学六年级学习者对数学知识点的掌握情况,并生成个性化诊断报告。牟智佳等(2019)基于 Q 矩阵构建了基于学习测评数据的个性化评价模型,该模型通过雷达图和柱状图展示了学习者的知识点掌握度、学习风险问题点、学习目标达成度以及课程成绩等四个方面的内容。刘迎春等(2020)利用认知网络分析可视化工具,展示了不同学习者、不同专业在计算机应用基础课程上各知识点关联网络的前后差异变化情况,以此来解读学习者的认知结构。邹煜(2021)将融合记忆过程的动态键值记忆网络应用于小学数学学业评价领域,生成班级和学习者个体的个性化诊断报告。然而,在当前个性化诊断报告生成研究中,对于可视化主体和可视化内容的系统性研究尚显不足,忽略了学习同伴、练习题等主体信息的可视化价值。此外,当前研究主要集中在知识状态或认知结构等信息的可视化内容,而对于学习同伴和练习题等其他重要信息的可视化研究仍有待深入。

学习者知识掌握状态可视化是教育数字化转型重点研究方向,通过对学习者的知识状态进行可视化呈现,为教师和学习者提供了更直观、全面的学习分析工具。在学习仪表盘、学习者画像以及个性化诊断报告等方面,虽然研究者们在可视化工具的设计和应用上取得了一系列成果,但知识掌握状态可视化信息过载、可视化内容与主体协同性以及应用场景有效支撑等方面还有待于深化研究,才能更好地支持教学活动的指导和调控。

## 4.1.2　学习者知识掌握状态可视化理论依据

### 4.1.2.1　修订版布鲁姆教育目标分类学

美国教育心理学家布鲁姆(Bloom,1956)首次系统性地提出了教育目标分类理论,即布鲁姆教育目标分类理论。该理论把教育目标分为认知领域、情感领域和动作技能领域等三个方面。其中，认知领域分为知识、领会、运用、分析、综合和评价等六个层次。随着教学实践研究和认知心理学的不断发展，安德森等（2008）学者在布鲁姆教育目标分类理论的基础上对教育目标中的认知领域目标进行修订，提出了修订版的布鲁姆教育目标分类理论。修订版的分类理论将认知领域划分为知识维度和认知过程维度。知识维度可细分为事实性知识、概念性知识、程序性知识和元认知知识等四类，知识难度依次递增；认知过程维度修订为记忆、理解、应用、分析、评价和创造等六个层次，这六个层次的认知水平由浅入深，记忆、理解和应用属于低层次认知，分析、评价和创造属于高层次认知。记忆指从长时记忆中提取相关的知识，包括识别和回忆等；理解指从口头、书面或图片等交流形式的教学信息中构建意义，包括解释、举例、分类、总结、推断、比较和说明等；应用指在给定的情境中执行或使用程序，包括执行、实施等；分析指将材料分解为它的组成部分，确定组成部分之间的相互关系，以及各部分与总体结构之间的关系，包括区别、组织和归因等；评价指基于准则和标准作出判断，包括检查和评论；创造指将要素组成内在一致的整体或新的模型结构，包括产生、计划和生成等。

布鲁姆教学目标分类理论将教育目标具体化、系统化，其认知领域的知识维度和认知过程维度的修订更加细致地揭示了学习者在不同认知层次的表现，为教学设计和教学评价的量化研究奠定了理论基础。本章将运用知识追踪技术，结合深度学习模型，以更加精准的方式捕捉学习者在知识维度和认知维度的状态，形成全面的可视化评价。

### 4.1.2.2　双重编码理论

双重编码理论（Paivio，1986）认为人类存储、加工和提取信息的过程由以语言为基础的加工系统和以意向为基础的加工系统共同完成，两个系统既相互独立又互相联系。语言加工系统负责处理口头或文字形式的自然语言信息；意向加工系统负责处理视觉形式的图像信息。该理论认为语言加工系统和意向加工系统对人类信息加工过程共同起作用，利用图形等形式表征数据信息能够激活意向加工系统，进一步提升信息处理效率。本章基于双重编码理论所提出的认知加工特点，呈现学习者知识掌握状态可视化内容时应采用图表与文字相结合的方式。图表部分用于展示学习者在知识维度和认知过程维度的学习状态；文字部分用于进一步解释、补充图表信息，帮助使用者更加精准地理解可视化报告。

### 4.1.2.3　认知负荷理论

认知负荷指个体认知系统为完成任务所调用的心理活动的总和。认知负荷理论（Trabasso，1989）认为人类的记忆结构包括工作记忆和长时记忆两部分。其中，长时记忆的容量几乎是无限的，而工作记忆的是容量有限的系统。因此，在认知加工过程中人类的认知负荷应控制在一个合理的区间范围内。基于认知负荷理论所提出的认知加工特点，学习者知识掌握状态的可视化应充分考虑可视化报告使用者的认知加工特点，避免使用过于烦琐和复杂的图形信息，借助标签、指导语等方式对图形进行标注和解释，确保可视化内容具有整体性和结构性，以降低教师和学习者的认知负荷，达到简洁而有效的设计目标。

## 4.1.3　知识追踪视域下学习者知识掌握状态可视化问题描述

本节通过阐述学习者知识掌握状态可视化研究中所涉及的学习者练习序列和学习者知识掌握状态两个核心概念及其相互关系，系统性地分析学习者知识掌握状态可视化问题。

首先，学习者练习序列在理论课程学习中扮演着重要角色。教师通常会布置一系列课堂练习或课后作业，而学习者在这些练习题上的作答表现按时间顺序被收集整理，形成学习者练习序列。在知识追踪视域下的学习者知识掌握状态可视化任务中，本章将学习者练习序列表示为 $X_t = \{x_1, x_2, \cdots, x_t\}$，其中 $x_t =$

$(e_t, r_t)$ 表示学习者的一次作答交互，$e_t$ 表示该次作答交互的练习题，$r_t$ 表示学习者对练习题 $e_t$ 的作答情况，$r_t = 1$ 表示作答正确，$r_t = 0$ 表示作答错误。

其次，学习者知识掌握状态是学习者在完成一段理论课程学习后对知识点达到的掌握程度和认知层次上的发展水平。这一状态是动态变化的，受到练习活动的影响，可能随着活动的增加而得到巩固，或随着时间的推移而产生遗忘。

在知识追踪视域下的学习者知识掌握状态可视化研究中，本节利用知识追踪技术开展教学评价，以学习者练习序列作为输入，建模学习者的理论课程学习过程，获得学习者的知识掌握状态数据，根据不同的需求对知识掌握状态数据进行格式调整或运算处理，以图表的形式（见图 4-1）展示学习者的知识掌握状态信息，为观察学习者的学习过程提供了一个系统、动态的方式，也为后续章节的深入研究奠定基础。

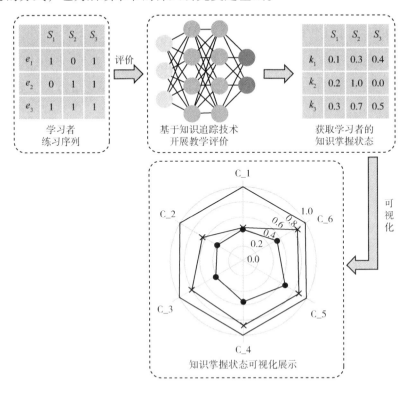

图 4-1　知识追踪视域下学习者知识掌握状态可视化

## 4.2　知识追踪视域下学习者知识掌握状态可视化策略设计

以修订版布鲁姆教育目标分类学为基础，分析知识掌握状态可视化的内涵，借鉴认知负荷理论和双重编码理论，确立知识掌握状态可视化的设计原则和呈现形式；结合学习分析和可视化分析，设计知识掌握状态可视化的流程，能较好地捕捉学习者的知识演进，构建知识追踪视域下学习者知识掌握状态可视化策略。

### 4.2.1　知识追踪视域下学习者知识掌握状态可视化内涵

#### 4.2.1.1　知识掌握状态可视化内容

本章将修订版布鲁姆教育目标分类学中认知领域的知识维度和认知过程维度作为学习者知识掌握状态可视化的主要内容。如前所述，知识维度包括事实性知识、概念性知识、程序性知识和元认知知识，但是在实际教学过程中，对练习题所蕴含的知识点按上述分类精细划分往往是难以做到的。因此，本章节中知识维度可视化仅展示学习过程中学习者在所学知识点上的状态信息。此外，在教学评价过程中，不仅要关注学习者在知识维度上的变化，还应关注学习者在认知过程等方面的成长与发展，通过分析认知发展水平，能更好地促进学习者深度学习。本章节中认知过程维度可视化旨在展示教学过程中学习者在记忆、理解、应用、分析、评价和创造等六个层次上的发展状态信息。

#### 4.2.1.2　知识掌握状态可视化主体

教学评价应满足以下需求：学习者对自己的知识水平有清晰的认识，教师对班级整体的知识水平、学生之间的差异以及练习题所考查的知识点等方面有清晰的认识。因此，学习者知识掌握状态可视化的目的在于为课堂教学活动中的教与学提供有效的指引，促进教师提供个性化的教学服务，培养和发展学习者的高阶认知能力，增强学习者自我监控和自我反思的能力。因此，知识掌握状态可视化的主体分为四部分——学生个体、学生同伴、班级整体以及练习题（见图4-2），教师能更好地了解学习者的知识状态和认知发展水平。

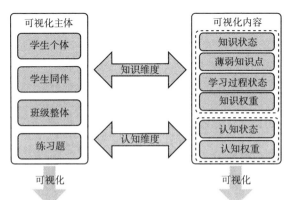

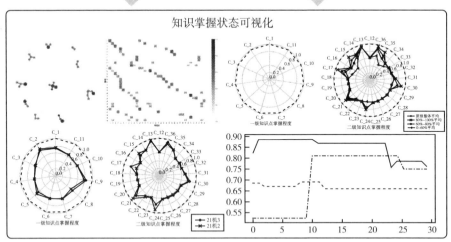

图4-2　知识追踪视域下学习者知识掌握状态可视化的内容与主体

（1）学生个体。学生个体部分主要展示每位学习者的知识掌握状态，包括知识状态、薄弱知识点、学习过程状态以及认知状态等内容。建构主义学习理论认为，教学应以学习者为中心，教师和学习者对每个个体的知识结构的了解程度至关重要。其中，知识状态指学习者对每个知识点的掌握程度；薄弱知识点指学习者知识点掌握程度低于一定标准的集合，学习者薄弱知识挖掘有助于教师及时且有针对性地采取教学补救措施，促进学习者完善知识结构；学习过程状态指学习者在时间维度和作答序列上的知识状态变化情况，学习者已经习得的知识技能可能会对后续练习作答产生影响，学习过程状态展示有助于教师了解学习者在答题过程中知识状态的变化情况，进而优化习题顺序设计；认知状态指学习者在六个认知层次上的发展水平。

（2）学生同伴。学习者的学习能力并非在同一起跑线，根据优势互补原则组织利用学习同伴之间的交流能够有效地激发学习者的学习热情。学生同伴部分主要展示相同分数段或不同分数段的学习者之间在知识状态和认知发展水平上的差异。社会比较理论（Festinger，1954）认为学习者通过比较同伴的学习信息，能够看到与同伴之间的差异、自身的进步和不足，激励学习者及时弥补薄弱知识点。相同分数段或不同分数段学习者之间的差异对比有助于教师充分了解学习者的互补空间，不再仅依赖学习成绩进行分组，为分层教学策略和分组策略设计提供更多的支撑条件。

（3）班级整体。班级整体部分主要展示班级内所有学习者在知识状态和认知状态上的平均值。班级整体均值的展示有助于教师全面地了解整个年级的教学情况，进而调整教学进度。同时，通过与班级整体均值的比较，学习者能够清晰地了解自己在班级内所处的位置，为自我评价和自我完善提供方向性指引。

（4）练习题。练习题部分主要展示每道练习题中各知识点所占的知识权重以及求解每道练习题所运用认知层次的认知权重。一道练习题可能包含多个知识点，但练习题对各知识点的考查会有所侧重，每个知识点对该练习题的难度有不同程度的影响；学习者完成每道练习题需同时运用的认知层次也不尽相同。知识权重和认知权重有助于教师加深对练习题的理解，帮助教师筛选出适宜特定学生或符合特定教学情境的练习题，有针对性地布置练习任务，设计出考查更为全面的测验试卷。

### 4.2.1.3　知识掌握状态可视化设计原则与呈现形式

知识追踪的诊断结果为数字型文本信息，教师和学习者难以直观地理解评价信息。因此，选取合适的图表类型展示评价数据，能够高效、准确地表达数据或文本背后所蕴含的含义。根据学习者知识掌握状态可视化的内容、各类型图表以及应用场景的特点，本章确定了如表 4 – 1 所示的呈现形式。

表 4 – 1　　　　　　　　　　　知识掌握状态可视化呈现形式

| 可视化主体 | 可视化内容 | 可视化呈现形式 |
|---|---|---|
| 学生个体 | 知识状态 | 网络图、雷达图 |
| | 学习过程状态 | 折线图 |
| | 薄弱知识点 | 二维表 |
| | 认知状态 | 雷达图 |
| 学生同伴 | 相同分数段：知识状态 | 箱线图 |
| | 相同分数段：认知状态 | |
| | 不同分数段：知识状态 | 雷达图 |
| | 不同分数段：认知状态 | |
| 班级整体 | 各班级知识状态平均值对比 | 雷达图 |
| | 各班级认知状态平均值对比 | |
| | 个体知识状态与班级平均值对比 | |
| | 个体认知状态与班级平均值对比 | |
| 练习题 | 知识权重 | 热力图 |
| | 认知权重 | |

雷达图能够综合分析多个属性特征，具有完整、直观的特点；折线图清晰地展示数据的变化趋势；箱线图能够展示最小值、第一四分位数、中位数、第三四分位数和最大值等数据，可以从整体上观察样本数据的对称性、分散程度等信息，多用于样本间比较；二维表格可以全面地展示两个属性特征之间的关系；网络图能够清晰地展现各知识点之间的关联情况。

## 4.2.2 知识追踪视域下学习者知识掌握状态可视化流程

学习者知识掌握状态可视化作为可视化学习分析领域的一项重要研究范式，具备学习分析和可视化分析的独特特征。学习分析结合了计算机技术和教育理论，涉及对学习数据进行全面分析的一系列环节，包括数据的收集、处理、分析和报告等。与此同时，可视化分析采用自动化分析技术和可视化技术，以一种综合的可视化表征方式，有力地减轻了大量文本或数字数据所带来的认知负担，为人类处理复杂性决策提供支持。凯姆等（Keim et al.，2008）将可视化分析流程总结为数据预处理、可视化建模与表征、知识生成与反馈三个主要部分，如图 4-3 所示。在数据预处理阶段，对多元异质数据进行清洗、整合和转化等处理，使数据达到可用状态，用户可以直接进行可视化数据探索，也可以通过统计和数据挖掘等自动化分析技术建立模型和验证假设；可视化建模与表征阶段是整个可视化分析过程的核心，根据已有数据生成可视化表征，使用户更容易理解复杂的数据结构，实现了模型和可视化表征之间的动态交互，使可视化表征不仅可以为提出新假设或优化模型参数提供实质依据，同时也能对假设模型进行可视化操作；知识生成与反馈阶段通过获取的可视化表征进一步指导数据处理、修改数据验证假设以及优化流程。

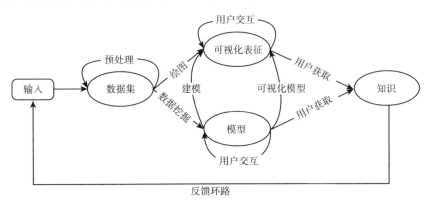

**图 4-3 凯姆可视化分析流程**

本节根据学习分析的通用过程和可视化分析的基本流程，结合学习者知识掌握状态的可视化特征，提出了学习者知识掌握状态的可视化流程。该流程具体包括数据采集、数据处理、数据挖掘、可视化表征及解决方案等五个关键环节，如图4-4所示。

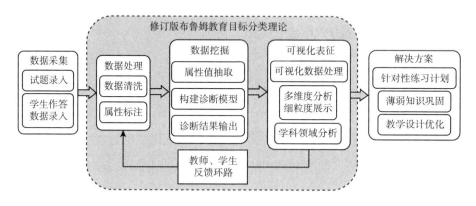

**图4-4　知识掌握状态可视化流程**

第一步，数据采集环节对测验和练习题进行编码并以特定格式保存，使练习题信息可以被循环使用；同时，将纸质试卷的学习者作答情况转化为学习者作答练习序列数据，经过编码后也以特定格式保存。第二步，数据处理环节对采集的数据进行清洗和整理，删除有空缺或不符合规则的数据，获得规范的学习者练习数据；通过对每道练习题进行知识点和认知层次的标注操作，构建"知识点-练习题"和"认知层次-练习题"的二维矩阵。第三步，数据挖掘环节抽取二维矩阵属性值构建知识追踪模型，将处理好的学习者练习数据输入知识追踪模型，从而获得学习者在知识维度和认知维度上的分析数据。第四步，可视化表征环节依据可视化内容特征，将分析数据集整理划分为面向不同可视化主体的数据，对这些数据进行可视化转换和处理；结合学科领域知识，对可视化图形展示的信息进行辅助解释，实现多维度、细粒度的学习分析，增强可视化表征的可解释性。第五步，解决方案环节充分利用可视化表征提供的反馈信息，使教师和学习者能够清晰地了解学习者的知识状态和认知状态，在此基础上，设计并开展薄弱知识巩固和针对性训练等学习活动，教师也可以根据可视化信息反馈优化教学设计，为后续的教学计划提供有力依据。可视化表征环节与数据处理环节形成了一个反馈回路，通过教师和学习者的使用意见，进一步优化数据处理环节。

同时，本节重视学习理论对分析过程的指导与调控作用，特别选择修订版布鲁姆教育目标分类理论作为理论基础，涵盖了数据处理、数据挖掘和可视化表征三个关键环节，为数据处理方法、知识追踪模型构建、可视化表征维度以及信息解读等提供了坚实的理论支撑。

## 4.2.3  知识追踪视域下学习者知识掌握状态可视化策略

分析学习者知识掌握状态可视化内涵可知，可视化内容包括知识维度和认知维度两个方面，本节也从这两方面分析知识追踪视域下学习者知识掌握状态可视化策略。

### 4.2.3.1  知识维度可视化策略

依据知识掌握状态可视化流程，本书设计了知识维度可视化流程和"知识点－练习题"矩阵构建过程，提出了知识维度可视化策略，旨在展示教学过程中与学习者相关的各知识点掌握状态信息。

1. 知识维度可视化流程

知识维度可视化流程具体包含三个环节——知识点处理、知识特征挖掘和知识点可视化（见图4-5）。在知识点处理环节，根据教学标准和考纲将教学内容划分为若干个知识点；对每道试题进行知识点标注，并将标注结果汇总整理成"知识点－练习题"二维矩阵；在知识特征挖掘环节，抽取"知识点－练习题"矩阵中所包含的知识点，结合知识追踪技术构建知识维度诊断模型，以学习者练习数据作为输入，输出学习者对各知识点的掌握状态；在知识点可视化环节，根据知识维度诊断模型参数信息和模型输出结果，可视化展示学生个体、学生同伴、班级整体和练习题等主体在知识状态、薄弱知识点、学习过程状态以及知识权重等四个方面的信息。

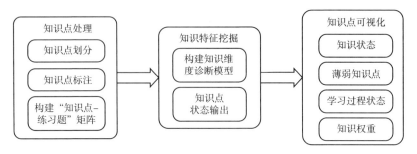

**图 4 - 5　知识维度可视化流程**

2. "知识点 - 练习题" 矩阵的构建

知识维度诊断模型根据学习者的历史练习序列诊断其对各知识点的掌握情况。一道练习题通常包含一个或多个知识点。因此，每道练习题的知识点标注结果是否科学合理，将严重影响知识维度诊断模型结果的准确性。本节采用基于学科领域专家经验的知识点标注方式，邀请学科领域专家依据教材内容和考试大纲等信息，将教学内容划分为若干个一级知识点，并将每个一级知识点细分为若干个二级知识点。各级知识点之间相互独立。学科领域专家根据知识点划分情况，设计并编组包含相应知识点测验试卷。例如：某教学模块中，学科领域专家将该模块教学内容划分为 $A$ 和 $B$ 两个一级知识点，将一级知识点 $A$ 细分为 $A_1$ 和 $A_2$ 两个二级知识点，将一级知识点 $B$ 细分为 $B_1$、$B_2$ 和 $B_3$ 三个二级知识点；根据知识点编组试卷，试卷中每道练习题 $e_i$ 包含一级知识点 $K1_i \in \{A,B\}$ 和二级知识点 $K2_i \in \{A_1,A_2,B_1,B_2,B_3\}$。

根据各级知识点划分情况，对试卷中的每道练习题进行知识点标注。为了更清晰地表达练习题和知识点之间的对应关系，本节构建了"知识点 - 练习题"二维矩阵 $Q^k \in R^{(m \times n)}$，其中，$n$ 表示各级知识点的总数，$m$ 表示试卷中练习题的数量。"知识点 - 练习题"矩阵 $Q^k$ 的值为 $[0,1]$ 二元变量。其中，0 表示该练习题不包含对应知识点，1 表示该练习题包含此知识点；$Q^k$ 矩阵能清晰地展现试卷中每道练习题与各级知识点之间关联关系。例如：练习题 $e_1$ 包含一级知识点 $A$ 和二级知识点 $A_1$ 和 $A_2$，练习题 $e_2$ 包含一级知识点

$A$、$B$ 和二级知识点 $A_1$、$B_1$ 和 $B_2$。那么，练习题 $e_1$ 和练习题 $e_2$ 的"知识点 – 练习题"矩阵 $E^K$ 就如表 4 – 2 所示。

表 4 – 2　　　　　　　　　　"知识点 – 练习题"矩阵

| 知识点 | 一级知识点 K1 | | 二级知识点 K2 | | | | |
|---|---|---|---|---|---|---|---|
| | A | B | A1 | A2 | B1 | B2 | B3 |
| 练习题 $q_1$ | 1 | 0 | 1 | 1 | 0 | 0 | 0 |
| 练习题 $q_2$ | 1 | 1 | 1 | 0 | 1 | 1 | 0 |

删除试卷中练习题没有涉及的知识点，获得"知识点 – 练习题"完全矩阵 $Q^{ka}$。练习题 $e_1$ 的"知识点 – 练习题"完全矩阵为 $Q_{e_1}^{ka}=[1,0,1,1,0,0]$，练习题 $e_2$ 的"知识点 – 练习题"完全矩阵为 $Q_{e_2}^{ka}=[1,1,1,0,1,1]$。抽取矩阵 $Q^{ka}$ 中所包含的知识点集合 $K=\{A,B,A_1,A_2,B_1,B_2\}$，基于知识点集合 $K$ 和知识追踪技术构建知识维度诊断模型。

### 4.2.3.2　认知维度可视化策略

依据知识掌握状态可视化流程，本节设计了认知过程维度可视化流程和"认知层次 – 练习题"矩阵构建过程，提出了认知维度可视化策略，旨在展示教学活动过程中与解题相关各认知层次状态信息。

1. 认知维度可视化流程

认知维度可视化流程包含三个环节——认知层次数据处理、认知层次数据挖掘和认知维度可视化（见图 4 – 6）。首先，进行数据处理。根据修订版布鲁姆教育目标分类理论将认知过程维度划分为记忆、理解、应用、分析、评价和创造等六个层次，根据认知层次划分标准对每道练习题进行认知层次标注操作，构建"认知层次 – 练习题"矩阵，将学习者的历史练习序列转化为认知层次数据。接着，抽取"认知层次 – 练习题"矩阵中所包含的认知层次构建认知维度诊断模型，以学习者历史练习序列作为输入，输出学习者在各认知层次的发展水平。最后，根据认知维度诊断模型参数信息和模型输出结果，可视化展示学生个体、学生同伴、班级整体和练习题等主体在认知状态和认知权重两个方面的信息。

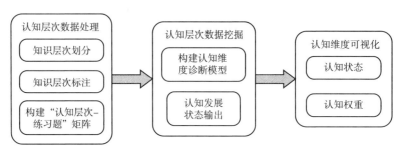

图 4 - 6　认知维度可视化流程

2. "认知层次 - 练习题" 矩阵的构建

学习者的知识状态和认知水平是相互依存、互相关联的。在学习过程中，随着学习者对知识点的掌握，学习者认知水平也逐步发展。和知识维度诊断类似，认知水平可以根据学习者的练习记录进行诊断。准确地理解题意是学习者顺利完成练习任务的前提。不同的练习题在认知水平上有不同层次的要求，完成每道练习题需要运用一个甚至多个认知层次。因此，通过明确认知层次与练习题之间的对应关系，能够诊断学习者在认知层次上的发展水平。本节采用修订版布鲁姆教育分类理论对每一认知层次进行定义，并根据这一理论对每道练习题进行认知层次标注。表 4 - 3 展示了各认知层次及其定义。

表 4 - 3　　　　　　修订版布鲁姆教育分类理论认知层次划分

| 认知层次 | 层次含义 | 层次内容 | 各项内容的定义 |
|---|---|---|---|
| 记忆 | 从长时记忆中提取有关知识 | 1. 识别 | 从长时记忆中提取知识并加以比较和确认 |
| | | 2. 回忆 | 给定提示时，从长时记忆中提起相关知识 |
| 理解 | 从口头、书面或图形等教学信息中建构意义 | 1. 解释 | 将一种表征方式转换为另一种表征方式 |
| | | 2. 举例 | 用具体例子对概念或原则进行阐释 |
| | | 3. 分类 | 根据概念原则等确定事物的归属类别 |
| | | 4. 总结 | 提出给定信息的主旨 |
| | | 5. 推断 | 根据已知信息作出合乎逻辑的规则判断 |
| | | 6. 比较 | 检验两观点或事物等的一致性 |
| | | 7. 说明 | 建立系统的因果关系 |

续表

| 认知层次 | 层次含义 | 层次内容 | 各项内容的定义 |
|---|---|---|---|
| 应用 | 在给定情形中执行或运用某一程序 | 1. 执行 | 应用某程序于已熟悉的任务 |
| | | 2. 实施 | 应用某程序于不熟悉的任务 |
| 分析 | 将材料分解若干部分并确定各部分之间联系以及与整体结构的关系 | 1. 区别 | 从现有材料中区分出无关和相关的部分 |
| | | 2. 组织 | 确定结构中各要素间如何作用形成系统 |
| | | 3. 归因 | 确定呈现材料隐含的观点、价值观或意图 |
| 评价 | 依据明确的标准或原则作出判断 | 1. 检查 | 检视某过程或结果的矛盾与错误；确定其内部一致性；评判某实施过程的有效性 |
| | | 2. 评论 | 检视某结果与外部准则的矛盾；确定其外部一致性；评判解决问题程序的恰当性 |
| 创造 | 将要素重新组织成为新的模式或结构 | 1. 产生 | 根据规则建立假设或提出解决问题的多种选择方案 |
| | | 2. 计划 | 设计一操作程序以完成某任务 |
| | | 3. 生成 | 发明创造新产品 |

根据表 4-3 中认知层次的定义，对试卷中的每道练习题进行认知层次标注，构建"认知层次-练习题"二维矩阵 $Q^c \in R^{(m \times s)}$。其中，$s$ 表示试卷中所有练习题包含的认知层次数量，$m$ 表示试卷中所有练习题的数量；矩阵 $Q^c$ 的值为 $[0,1]$，0 代表解答该练习题无须运用此认知层次，1 代表解答该练习题须运用此认知层次。例如，试卷中有 $e_1$、$e_2$ 两道练习题，解答练习题 $e_1$ 需运用记忆和理解两个认知层次，解答练习题 $e_2$ 需运用记忆、理解和分析三个认知层次，那么，该试卷的"认知层次-练习题"矩阵 $Q^c$ 如表 4-4 所示。

表 4-4　　　　　　　　　"认知层次-练习题"矩阵

| 认知层次 | 记忆 | 理解 | 应用 | 分析 | 评价 | 创造 |
|---|---|---|---|---|---|---|
| 练习题 $q_1$ | 1 | 1 | 0 | 0 | 0 | 0 |
| 练习题 $q_2$ | 1 | 1 | 0 | 1 | 0 | 0 |

删除试卷中解答练习题时没有涉及的认知层次，得到"认知层次-练习题"完全矩阵 $Q^{ca}$。练习题 $e_1$ 的"认知层次-练习题"完全矩阵为 $Q^{ca}_{e_1} =$

$[1,1,0]$，练习题 $e_2$ 的"认知层次 – 练习题"完全矩阵为 $Q_{e_2}^{ca} = [1,1,1]$。抽取矩阵 $Q^{ca}$ 中所包含的认知层次集合 $C = \{$记忆，理解，分析$\}$，结合认知层次集合 $C$ 和知识追踪技术构建认知维度诊断模型。

## 4.3　知识追踪视域下学习者知识掌握状态可视化应用实践

将知识追踪视域下学习者知识掌握状态可视化策略应用于职业学校课堂教学评价。在动态键值记忆网络基础上构建包含知识维度和认知维度的学习者知识掌握状态诊断模型，以电工基础课程为例开展可视化教学评价应用。实验结果显示，知识追踪视域下学习者知识掌握状态可视化策略能够较好地完成学习可视化分析任务，清晰地呈现学习者知识掌握状态。

### 4.3.1　知识追踪视域下学习者知识掌握状态诊断模型构建

根据学习者知识掌握状态可视化策略，借助知识追踪技术实现对学习者知识维度和认知维度状态的精准诊断。本节选择了动态键值记忆网络模型作为基准模型，并对其进行了改进（见图 4 – 7），对基准模型的权重计算和写操作进行了优化，巧妙地将"知识点 – 练习题"矩阵和"认知层次 – 练习题"矩阵融入模型，创新性地设计了知识维度诊断过程和认知维度诊断过程，以满足对学习者真实知识点掌握程度和认知发展水平的准确诊断需求。此外，学校课堂教学中练习活动主要集中在一段时间内进行随堂测验或考试，不同练习题之间作答时间间隔较短，几乎没有作答间的遗忘现象；鉴于此，对动态键值记忆网络模型的记忆更新过程的写操作也进行了相应的调整和优化，在维持模型高效性的同时，更贴合学校课堂教学实际特点，提高了模型对学习者知识状态的敏感度和准确性。面向学习者知识掌握状态可视化的知识追踪模型优化能更好地适应学习者的实际学习情境，为知识掌握状态的准确诊断提供更可靠的技术支持。

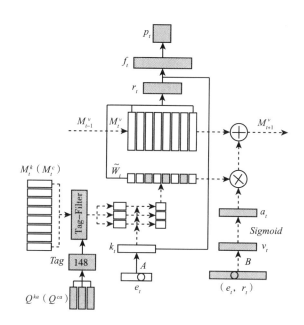

图 4 – 7　知识追踪视域下学习者知识掌握状态诊断模型

### 4.3.1.1　知识维度诊断过程

（1）将包含知识点和练习题的所属关系的"知识点 – 练习题"完全矩阵 $Q^{ka} \in R^{(m \times n)}$ 融入动态键值记忆网络模型，构建知识矩阵 $M^k \in R^{n \times d_k}$，计算练习题与其包含的知识点之间的相关权重。其中，$m$ 为练习题的数量，$n$ 为练习题集所包含知识点的总数，$Q_{e_t}^{ka}$ 的值为 $[0,1]^n$。在权重计算操作中，首先将练习题 $e_t$ 与嵌入矩阵 $A \in R^{E \times d_k}$ 相乘得到一个包含练习题特征信息的嵌入向量 $k_t \in R^{d_k}$；接着，根据练习题 $e_t$ 的"知识点 – 练习题"完全矩阵 $Q_{e_t}^{ka}$ 的值对知识矩阵 $M_t^k$ 进行过滤，获得 $t$ 时刻学习者回答练习题 $e_t$ 所关联的知识矩阵 $M_{e_t}^k \in R^{j \times d_k}$，其中 $j \leqslant n$ 为练习题 $e_t$ 所包含的知识点的数量。（2）将嵌入向量 $k_t$ 与练习题 $e_t$ 所关联的知识矩阵 $M_{e_t}^k$ 中的每个记忆槽 $M_{e_t}^k(i)$ 做内积运算。（3）利用激活函数为 Softmax 函数的全连接层计算练习题 $e_t$ 所包含的各知识点相关权重 $w_{e_t}^k \in R^j$。计算公式如式（4-1）所示。

$$w_{e_t}^k = Softmax(k_t^T M_{e_t}^k(i)) \qquad (4-1)$$

知识权重 $w_{kt} \in R^n$，表示 $t$ 时刻，各知识点与练习题 $e_t$ 的相关权重值，初始化值均为 0。将计算得到的 $w_{e_t}^k$ 按位填充至知识权重 $w_{kt}$，填充位置与练习题 $e_t$ 的"知识点 - 练习题"完全矩阵 $Q_{e_t}^{ka}$ 的 1 值位置相对应，不相关的设置为 0。最终，利用知识权重 $w_{kt}$ 进行诊断模型的读操作和写操作，以获取和更新学习者对真实知识点的掌握状态。

### 4.3.1.2 认知维度诊断过程

同样地，通过包含练习题与认知层次对应关系的"认知层次 - 练习题"完全矩阵 $Q^{ca} \in R^{m \times s}$，构建认知矩阵 $M^c \in R^{s \times d_k}$。其中，$s$ 表示练习题集所需运用的认知层次数量，$m$ 表示练习题的数量。"认知层次 - 练习题"完全矩阵 $Q_{e_t}^{ca}$ 的值为 $[0,1]^s$，用于存储练习题 $e_t$ 所包含的认知层次。根据练习题 $e_t$ 的"认知层次 - 练习题"完全矩阵 $Q_{e_t}^{ca}$ 信息，对学习者 $t$ 时刻的认知矩阵 $M_t^c$ 进行过滤，获得练习题 $e_t$ 所关联的认知矩阵 $M_{e_t}^c \in R^{h \times d_k}$，其中 $h \leq s$ 为练习题 $e_t$ 所包含的认知层次的数量，其最大值为 7。

在计算练习题 $e_t$ 的认知权重时，首先将练习题 $e_t$ 与嵌入矩阵 $A \in R^{E \times d_k}$ 相乘，得到一个包含练习题特征信息的嵌入向量 $k_t \in R^{d_k}$；接着，对嵌入向量 $k_t$ 与练习题 $e_t$ 所关联的认知矩阵 $M_{e_t}^c$ 的每一行向量进行内积运算，再将运算结果通过激活函数为 Softmax 函数的全连接层，最终获得练习题 $e_t$ 的认知层次相关权重 $w_{e_t}^c \in R^s$。计算公式如式（4-2）所示。

$$w_{e_t}^c = Softmax(k_t^t M_{e_t}^c(i)) \qquad (4-2)$$

认知权重 $w_{ct} \in R^s$ 的初始化值均设置为 0。根据"认知层次 - 练习题"完全矩阵 $Q_{e_t}^{ca}$ 中值为 1 的位置，将权重 $w_{e_t}^c$ 的每个值填充至认知权重 $w_{ct}$，获得练

习题 $e_t$ 的认知权重。认知权重 $w_{ct}$ 可解释为：解答练习题 $e_t$ 时，无须运用的认知层次的权重设置为 0，须运用的认知层次的权重设置为相应权重值。

### 4.3.1.3　记忆更新过程

由于在同一次随堂测验或考试中难以出现遗忘现象，因此，本节在动态键值记忆网络模型的写操作中擦除了擦除向量 $er_t$，仅保留添加向量 $a_t$，并根据添加向量完成记忆矩阵更新操作。

当学习者完成练习题 $e_t$ 后，模型根据学习者作答情况 $(e_t,r_t)$ 更新值矩阵。首先，计算学习者的作答反应元组 $(q_t,r_t)$ 与嵌入矩阵 $B \in R^{2E \times d_v}$ 的乘积，得到知识增长向量 $v_t \in R^{d_v}$。在更新值矩阵时，将知识增长向量 $v_t$ 通过激活函数 $Sigmoid$ 函数的全连接层计算添加向量 $a_t \in R^{d_v}$，计算公式如式（4-3）所示。

$$a_t = Sigmoid(D^T v_t + b_a) \qquad (4-3)$$

值矩阵更新过程中，根据添加向量 $a_t$ 更新值矩阵记忆向量，计算公式如式（4-4）所示。

$$M_t^v(i) = \widehat{M_t^v}(i)[1 + \widetilde{w}_t(i)a_t] \qquad (4-4)$$

式（4-4）中，$\widetilde{w}_t \in (w_{e_t}^k, w_{e_t}^c)$，根据模型诊断功能选择权重；$\widehat{M_t^v}(i)$ 表示记忆更新前的值矩阵，$M_t^v(i)$ 表示添加记忆后更新的值矩阵。值矩阵 $M_t^v(i)$ 是动态变化的，存储学习者 $t$ 时刻对各知识点的掌握程度或学习者 $t$ 时刻各认知层次的发展水平。

## 4.3.2　知识追踪视域下学习者知识掌握状态可视化策略应用

以电工基础课程为研究对象，通过编制测验试卷并收集课堂教学测验数据，对学习者知识掌握状态诊断模型进行训练。通过该模型，能较准确地诊断学习者在电工基础课程中的知识状态和认知发展水平；并将诊断结果以可视化的形式呈现，实现在知识追踪视域下学习者知识掌握状态的可视化功能，验证所提出的可视化策略应用可行性。

#### 4.3.2.1　知识点划分及测验试卷编制

电工基础是中等职业学校电气、通信以及物联网等信息技术类专业的核心课程，旨在使学生掌握电工电路基础知识和基本技能。本节选用浙江省专业课程改革成果教材、高等教育出版社崔陵主编的《电工基本电路安装与测试》（第 2 版）作为参考教材。以该教材中"项目 2 安装与测试电阻器电路"（以下简称"项目 2"）和"项目 3 安装与测试直流电路"（以下简称"项目 3"）两个章节作为实验教学内容的研究对象，编制了相应的测验试卷，并收集学习者的课堂测验数据。

在教育专家的指导下，根据可视化策略中所述的知识点划分方法，研究人员对项目 2 的内容进行划分，形成了 11 个一级知识点和 36 个二级知识点，具体知识点划分情况见表 4-5。

表 4-5　　　　　　　　项目 2 内容包含的知识点

| 一级知识点 | 二级知识点 | 二级知识点数量 |
| --- | --- | --- |
| 电路组成基本要素 | 电源、负载、导线、控制和保护装置 | 4 |
| 电路工作状态 | 通路、短路、断路 | 3 |
| 电阻基本知识 | 电阻单位换算、电阻定律 | 2 |
| 电阻器分类和符号 | 固定电阻器、可变电阻器 | 2 |
| 电阻器型号和参数 | 型号命名方法、主要参数、直标法、文字符号法、数码法、色标法 | 6 |
| 电流 | 电流定义、电流单位换算、电流方向、电流分类 | 4 |
| 电压 | 电压定义、电压单位换算、电压方向、电位 | 4 |
| 电动势 | 电动势定义、电动势方向 | 2 |
| 电功率 | 电功率定义、电功率单位换算、电功率计算 | 3 |
| 电能 | 电能定义、电能单位换算、电能计算 | 3 |
| 欧姆定律 | 部分电路欧姆定律、全电路欧姆定律、伏安特性曲线 | 3 |

同样地，对项目 3 进行划分，得到了 6 个一级知识点和 26 个二级知识点，具体知识点划分情况见表 4-6。

表 4 - 6　　　　　　　　　　　项目 3 内容包含的知识点

| 一级知识点 | 二级知识点 | 二级知识点数量 |
|---|---|---|
| 电阻串联电路 | 串联电路连接方式、串联电路电流特点、串联电路电压特点、串联电路电阻特点、串联电路功率特点、串联电路电压分配、串联电路功率分配、电阻串联电路应用 | 8 |
| 电阻并联电路 | 并联电路连接方式、并联电路电流特点、并联电路电压特点、并联电路电阻特点、并联电路功率特点、并联电路电流分配、并联电路功率分配、电阻并联电路应用 | 8 |
| 电阻混联电路 | 混联电路连接方式、混联电路等效电阻计算、电阻混联电路应用 | 3 |
| 复杂电路 | 支路、节点、回路、网孔 | 4 |
| 基尔霍夫定律 | 节点电流定律、回路电压定律 | 2 |
| 支路电流法 | 支路电流法应用 | 1 |

　　根据上述知识点划分情况，教育专家在充分考虑教学进度、练习题难度以及作答时间等因素的情况下，共编制项目 2 测验试卷、项目 3 简单直流电路部分测验试卷以及项目 3 复杂直流电路部分测验试卷三套测验试卷。其中，项目 3 简单直流电路部分包含电阻串联电路、电阻并联电路和电阻混联电路等知识点，项目 3 复杂直流电路部分包含复杂电路、基尔霍夫定律和支路电流法等知识点。测验试卷题型和题量如表 4 - 7 所示。

表 4 - 7　　　　　　　　　　　测验试卷情况概览　　　　　　　　　单位：道

| 试卷 | 填空题 | 选择题 | 判断题 | 总计 |
|---|---|---|---|---|
| 项目 2 测验 | 10 | 15 | 5 | 30 |
| 项目 3 简单直流电路部分测验 | 10 | 15 | 5 | 30 |
| 项目 3 复杂直流电路部分测验 | 10 | 10 | 5 | 25 |

#### 4.3.2.2　知识点与认知属性标注

1. 知识点标注

　　完成知识点划分和测验习题编制后，在教育专家的指导下，依据知识维度可视化策略对 3 套测验试卷中的练习题进行知识点标注。

项目 2 测验试卷共包含 11 个一级知识点和 25 个二级知识点，每道习题知识点标注情况如表 4 - 8 所示。

表 4 - 8　　　　　　　　项目 2 测验试卷习题知识点标注

| 题型 | 题号 | 一级知识点 | 二级知识点 |
|---|---|---|---|
| 填空题 | 1 | 电路组成基本要素 | 电源 |
| | 2 | 电路工作状态 | 通路 |
| | 3 | 电阻基本知识 | 电阻定律 |
| | 4 | 电阻器型号和参数 | 文字符号法 |
| | 5 | 电阻器型号和参数 | 色标法 |
| | 6 | 电流 | 电流单位换算 |
| | 7 | 欧姆定律 | 部分电路欧姆定律 |
| | 8 | 欧姆定律 | 部分电路欧姆定律 |
| | 9 | 电功率、电阻基本知识 | 电阻单位换算、电功率计算 |
| | 10 | 电能、电功率 | 电能计算、电功率单位换算 |
| 选择题 | 11 | 电路组成基本要素 | 电源、负载 |
| | 12 | 电路工作状态 | 通路、断路 |
| | 13 | 电阻基本知识 | 电阻定律 |
| | 14 | 电阻器分类和符号 | 固定电阻器、可变电阻器 |
| | 15 | 电阻器型号和参数 | 型号命名方法 |
| | 16 | 电阻器型号和参数 | 文字符号法 |
| | 17 | 电阻器型号和参数 | 色标法 |
| | 18 | 电阻器型号和参数 | 数码法 |
| | 19 | 电流 | 电流分类 |
| | 20 | 欧姆定律、电动势 | 全电路欧姆定律、电动势定义 |
| | 21 | 电功率 | 电功率计算 |
| | 22 | 电能 | 电能单位换算、电能计算 |
| | 23 | 欧姆定律 | 伏安特性曲线 |
| | 24 | 欧姆定律、电路工作状态 | 短路、断路、全电路欧姆定律 |
| | 25 | 欧姆定律、电路工作状态 | 断路、全电路欧姆定律 |
| 判断题 | 26 | 电路组成基本要素 | 电源 |
| | 27 | 电阻器分类和符号 | 固定电阻器 |
| | 28 | 电压 | 电压定义、电位 |
| | 29 | 电功率 | 电功率计算 |
| | 30 | 欧姆定律、电路工作状态、电动势 | 通路、全电路欧姆定律、电动势定义 |

项目 3 简单直流电路部分测验试卷中包括 6 个一级知识点和 19 个二级知识点，其中，涵盖了项目 2 教学内容的 3 个一级知识点，即欧姆定律、电功率和电能，以及与之相关的 3 个二级知识点，分别是电功率计算、部分电路欧姆定律和电能计算，每道习题知识点标注情况如表 4 - 9 所示。

表 4 - 9　　　　项目 3 简单直流电路部分测验试卷习题知识点标注

| 题型 | 题号 | 一级知识点 | 二级知识点 |
| --- | --- | --- | --- |
| 填空题 | 1 | 电阻串联电路 | 串联电路连接方式 |
| | 2 | 电阻串联电路 | 电阻串联电路应用 |
| | 3 | 电阻串联电路、欧姆定律 | 部分电路欧姆定律、串联电路电阻特点、串联电路电压分配、电阻串联电路应用 |
| | 4 | 电阻串联电路、欧姆定律 | 部分电路欧姆定律、串联电路电流特点 |
| | 5 | 电阻并联电路 | 并联电路功率分配 |
| | 6 | 电阻并联电路 | 并联电路电阻特点 |
| | 7 | 电阻并联电路、电功率 | 电功率计算、并联电路功率特点、并联电路电压特点 |
| | 8 | 电阻串联电路、电阻并联电路 | 串联电路电阻特点、并联电路电阻特点 |
| | 9 | 电阻混联电路 | 混联电路等效电阻计算 |
| | 10 | 电阻串联电路、电阻并联电路、电阻混联电路、欧姆定律 | 部分电路欧姆定律、混联电路等效电阻计算、并联电路电压特点、串联电路电压特点 |
| 选择题 | 11 | 电阻串联电路 | 串联电路电阻特点 |
| | 12 | 电阻串联电路 | 串联电路电压分配 |
| | 13 | 电阻串联电路 | 串联电路功率分配 |
| | 14 | 电阻串联电路、电功率、欧姆定律 | 电功率计算、部分电路欧姆定律、串联电路电压分配、串联电路电流特点 |
| | 15 | 电阻串联电路 | 串联电路电阻特点、串联电路电压特点 |
| | 16 | 电阻并联电路 | 并联电路连接方式 |

| 题型 | 题号 | 一级知识点 | 二级知识点 |
|------|------|-----------|-----------|
| 选择题 | 17 | 电阻并联电路 | 并联电路功率分配 |
| | 18 | 电阻并联电路、欧姆定律 | 部分电路欧姆定律、并联电路电阻特点、并联电路电流分配、电阻并联电路应用 |
| | 19 | 电阻并联电路 | 并联电路电阻特点，电阻并联电路应用 |
| | 20 | 电阻并联电路、电功率、欧姆定律 | 电功率计算、并联电路电压特点、并联电路电阻特点、部分电路欧姆定律 |
| | 21 | 电阻并联电路 | 并联电路电阻特点 |
| | 22 | 电阻串联电路、电阻并联电路、欧姆定律 | 并联电路电阻特点、串联电路电阻特点、部分电路欧姆定律 |
| | 23 | 电阻混联电路 | 混联电路连接方式 |
| | 24 | 电阻混联电路 | 混联电路等效电阻计算 |
| | 25 | 电阻串联电路、电阻并联电路 | 并联电路电压特点、电阻串联电路应用 |
| 判断题 | 26 | 电阻串联电路 | 串联电路电压分配 |
| | 27 | 电阻串联电路 | 串联电路电阻特点、电阻串联电路应用 |
| | 28 | 电阻并联电路 | 并联电路电阻特点 |
| | 29 | 电阻并联电路 | 并联电路电压特点 |
| | 30 | 电阻串联电路、电功率、电能 | 电功率计算、串联电路电流特点、电能计算 |

项目3复杂直流电路部分测验试卷则涵盖了4个一级知识点和8个二级知识点，其中，涵盖了项目2教学内容的一级知识点为欧姆定律，而与之关联的二级知识点为部分电路欧姆定律，每道习题知识点标注情况如表4-10所示。知识点标注能更清晰地梳理每套测验试卷所包含的知识层次和结构，为后续教学实施和学分析习提供有力的指导。

表 4 - 10　　　　　　项目 3 复杂直流电路部分测验试卷习题知识点标注

| 题型 | 题号 | 一级知识点 | 二级知识点 |
|------|------|-----------|-----------|
| 填空题 | 1 | 复杂电路 | 支路 |
| | 2 | 复杂电路 | 回路 |
| | 3 | 基尔霍夫定律 | 节点电流定律 |
| | 4 | 基尔霍夫定律 | 回路电压定律 |
| | 5 | 基尔霍夫定律 | 节点电流定律 |
| | 6 | 基尔霍夫定律 | 节点电流定律 |
| | 7 | 欧姆定律、基尔霍夫定律 | 部分电路欧姆定律、回路电压定律 |
| | 8 | 支路电流法 | 支路电流法应用 |
| | 9 | 支路电流法 | 支路电流法应用 |
| | 10 | 支路电流法 | 支路电流法应用 |
| 选择题 | 11 | 复杂电路 | 回路 |
| | 12 | 复杂电路 | 节点 |
| | 13 | 复杂电路 | 网孔 |
| | 14 | 基尔霍夫定律 | 节点电流定律 |
| | 15 | 基尔霍夫定律 | 节点电流定律 |
| | 16 | 基尔霍夫定律 | 回路电压定律 |
| | 17 | 支路电流法 | 支路电流法应用 |
| | 18 | 支路电流法 | 支路电流法应用 |
| | 19 | 欧姆定律、支路电流法 | 部分电路欧姆定律、支路电流法应用 |
| | 20 | 欧姆定律、基尔霍夫定律 | 部分电路欧姆定律、回路电压定律 |
| 判断题 | 21 | 复杂电路 | 网孔、回路 |
| | 22 | 基尔霍夫定律 | 节点电流电路 |
| | 23 | 基尔霍夫定律 | 节点电流定律、回路电压定律 |
| | 24 | 支路电流法 | 支路电流法应用 |
| | 25 | 支路电流法 | 支路电流法应用 |

　　根据知识维度可视化策略中所提出的"知识点 - 练习题"矩阵构建方法，完成 3 套测验试卷的"知识点 - 练习题完全"矩阵填充，如表 4 - 11 ~ 表 4 - 13 所示。

表 4 –11　　　　　项目 2 测验"知识点 – 练习题"完全矩阵

| 题号 | 电路组成基本元素 | 电路工作状态 | 电阻基本知识 | … | 全电路欧姆定律 | 伏安特性曲线 |
|---|---|---|---|---|---|---|
| 1 | 1 | 0 | 0 | … | 0 | 0 |
| 2 | 0 | 1 | 0 | … | 0 | 0 |
| 3 | 0 | 0 | 1 | … | 0 | 0 |
| 4 | 0 | 0 | 0 | … | 0 | 0 |
| 5 | 0 | 0 | 0 | … | 0 | 0 |
| ⋮ | ⋮ | ⋮ | ⋮ | ⋮ | ⋮ | ⋮ |
| 29 | 0 | 0 | 0 | … | 0 | 0 |
| 30 | 0 | 1 | 0 | … | 1 | 0 |

表 4 –12　　　　项目 3 简单直流电路部分"知识点 – 练习题"完全矩阵

| 题号 | 电能 | 电功率 | 欧姆定律 | … | 混联电路连接方式 | 混联电路等效电阻计算 |
|---|---|---|---|---|---|---|
| 1 | 0 | 0 | 0 | … | 0 | 0 |
| 2 | 0 | 0 | 0 | … | 0 | 0 |
| 3 | 0 | 0 | 1 | … | 0 | 0 |
| 4 | 0 | 0 | 1 | … | 0 | 0 |
| 5 | 0 | 0 | 0 | … | 0 | 0 |
| ⋮ | ⋮ | ⋮ | ⋮ | ⋮ | ⋮ | ⋮ |
| 29 | 0 | 0 | 0 | … | 0 | 0 |
| 30 | 1 | 1 | 0 | … | 0 | 0 |

表 4 –13　　　　项目 3 复杂直流电路部分"知识点 – 练习题"完全矩阵

| 题号 | 欧姆定律 | 复杂电路 | 基尔霍夫定律 | … | 回路电压定律 | 支路电流法应用 |
|---|---|---|---|---|---|---|
| 1 | 0 | 1 | 0 | … | 0 | 0 |
| 2 | 0 | 1 | 0 | … | 0 | 0 |
| 3 | 0 | 0 | 1 | … | 0 | 0 |
| 4 | 0 | 0 | 1 | … | 1 | 0 |
| 5 | 0 | 0 | 1 | … | 0 | 0 |
| ⋮ | ⋮ | ⋮ | ⋮ | ⋮ | ⋮ | ⋮ |
| 24 | 0 | 0 | 0 | … | 0 | 1 |
| 25 | 0 | 0 | 0 | … | 0 | 1 |

2. 认知属性标注

根据认知维度可视化策略中的"认知层次 – 练习题"矩阵构建方法，本节深入分析了 3 套测验试卷中的练习题涉及的认知属性标注层次。修订版布鲁姆教育目标分类理论将学习者的认知过程维度划分为六个层次——记忆、理解、应用、分析、评价和创造。

记忆层次示例：项目 2 测验试卷填空题第 1 题"电路主要是由_____、负载、连接导线、控制和保护装置四部分组成"。此题主要考查学习者对"电路"概念的记忆，属于记忆层次。

理解层次示例：项目 3 复杂直流电路部分测验试卷填空题第 10 题"根据支路电流法解得的电流为负值时，说明电流的参考方向与实际方向_____"。此题主要考查学习者对概念的诠释能力，需要在记忆的基础上，将"支路电流法"概念转换成另一种表达方式，涉及理解层次。

应用层次示例：项目 3 复杂直流电路部分测验试卷选择题第 18 题"某电路有 3 个节点和 5 条支路，采用支路电流法求解各支路电流时，应列出电流方程和电压方程的个数分别为（　　）"。此题以学习者理解"支路电流法"概念为前提，考察学习者在给定特定电路情况下对支路电流法的应用能力，涉及应用层次。

分析层次示例：项目 3 简单直流电路部分测验试卷选择题第 15 题"如图所示电路①，A、B 间有 4 个电阻器串联，且 R2 = R4，电压表 V1 示数为 6V，电压表 V2 示数为 10V，则 A、B 之间电压 $U_{AB}$ 为（　　）"。此题需学习者综合剖析电路中各部分的连接关系，涉及分析层次。

评价层次示例：项目 2 测验试卷判断题第 29 题"负载电流大，消耗的功率就一定大。所以，流过 220V40W 白炽灯的电流一定比流过 2.5V0.3A 小灯泡的电流大"。此题需要学习者检查题目论述结果与所学知识的一致性，判断其正确与否，涉及评价层次。

---

① 本书省略了此图。

本章节中 3 套测验试卷并未包含要求学习者利用某些知识概念规划、重构问题的练习题，因此未涉及认知过程维度的创造层次。按照上述示例标准，本节对试卷进行了认知层次的标注，最终形成了 3 套测验试卷的"认知层次 – 练习题"完全矩阵，详见表 4 – 14 ~ 表 4 – 16。

表 4 – 14　　　　项目 2 测验试卷"认知层次 – 练习题"完全矩阵

| 题号 | 记忆 | 理解 | 应用 | 分析 | 评价 |
|------|------|------|------|------|------|
| 1 | 1 | 0 | 0 | 0 | 0 |
| 2 | 1 | 0 | 0 | 0 | 0 |
| 3 | 1 | 0 | 0 | 0 | 0 |
| 4 | 1 | 1 | 0 | 0 | 0 |
| 5 | 1 | 1 | 0 | 0 | 0 |
| ⋮ | ⋮ | ⋮ | ⋮ | ⋮ | ⋮ |
| 29 | 1 | 1 | 0 | 1 | 1 |
| 30 | 1 | 1 | 0 | 1 | 1 |

表 4 – 15　　　　项目 3 简单直流电路部分"认知层次 – 练习题"完全矩阵

| 题号 | 记忆 | 理解 | 应用 | 分析 | 评价 |
|------|------|------|------|------|------|
| 1 | 1 | 0 | 0 | 0 | 0 |
| 2 | 1 | 0 | 1 | 0 | 0 |
| 3 | 1 | 1 | 1 | 1 | 0 |
| 4 | 1 | 1 | 1 | 1 | 0 |
| 5 | 1 | 0 | 0 | 0 | 0 |
| ⋮ | ⋮ | ⋮ | ⋮ | ⋮ | ⋮ |
| 29 | 1 | 1 | 1 | 1 | 1 |
| 30 | 1 | 1 | 1 | 1 | 1 |

表 4 – 16　　　　项目 3 复杂直流电路部分"认知层次 – 练习题"完全矩阵

| 题号 | 记忆 | 理解 | 应用 | 分析 | 评价 |
|------|------|------|------|------|------|
| 1 | 1 | 0 | 0 | 0 | 0 |
| 2 | 1 | 1 | 1 | 1 | 0 |
| 3 | 1 | 1 | 0 | 0 | 0 |
| 4 | 1 | 0 | 0 | 0 | 0 |
| 5 | 1 | 1 | 1 | 1 | 0 |

续表

| 题号 | 记忆 | 理解 | 应用 | 分析 | 评价 |
|------|------|------|------|------|------|
| ⋮ | ⋮ | ⋮ | ⋮ | ⋮ | ⋮ |
| 24 | 1 | 1 | 0 | 0 | 1 |
| 25 | 1 | 1 | 1 | 1 | 1 |

### 4.3.2.3　数据收集与处理

本书选取了浙江省 11 所中等职业学校，涵盖了浙江省 6 个地区，共计 29 个班级，研究对象为 1199 名学生，实验对象信息如表 4 – 17 所示。

表 4 – 17　　　　　　　　　　实验对象情况概览

| 学校 | 班级 | 人数 | 学校 | 班级 | 人数 | 学校 | 班级 | 人数 |
|------|------|------|------|------|------|------|------|------|
| XS | 21 机 3 | 44 | YZ | 21 电气 1 | 49 | LA | 21 电气 1 | 35 |
| | 21 机 2 | 42 | | 21 电气 2 | 49 | | 21 电气 2 | 46 |
| YH | 21 电子 | 43 | | 21 电子 | 48 | | 21 电气 3 | 39 |
| | 21 通信 | 38 | | 21 无人机 | 45 | XL | 21 机电 | 41 |
| YY | 21 电子 | 47 | | 21 机器人 | 44 | | 21 电梯 | 35 |
| | 21 机电 | 40 | | 21 物联网 | 44 | PH | 21 电 1 | 34 |
| WL | 21 机电 | 21 | ZZ | 21 机器人 | 40 | | 21 电 2 | 47 |
| | 21 电子 | 49 | | 21 电 1 | 38 | LP | 2121 | 45 |
| | 21 中本 | 40 | | 21 电 2 | 42 | | 2122 | 45 |
| DZ | 21 物联网 | 30 | | 21 电 3 | 39 | | | |

在正常进度的教学过程中，各班级完成了相应的教学内容后进行了项目测验。测验共分为 3 次，每次测验的时间为 40 分钟。在实验中，共计发放了 3597 份测验试卷。在删除了空白、乱涂乱写等不符合要求的试卷后，总共回收到 1120 份项目 2 测验试卷、983 份项目 3 简单直流电路部分测验试卷以及 1033 份项目 3 复杂直流电路部分测验试卷。为了整理数据，采用统一数据录入方式，即将作答正确的记为 "1"，作答错误或者为空缺的记为 "0"。这样处理后，形成了 3 个测验数据集，如表 4 – 18 所示，为后续的研究分析提供了基础。

表 4 - 18                                        数据集概览

| 项目 | 项目 2 | 项目 3 简单直流电路 | 项目 3 复杂直流电路 |
|---|---|---|---|
| 学生（名） | 1120 | 983 | 1033 |
| 练习题（道） | 30 | 30 | 25 |
| 练习作答交互（次） | 33600 | 29490 | 25825 |

#### 4.3.2.4  模型有效性分析

采用接收者操作特征曲线下面积（AUC）、准确率（ACC）作为评价指标，评估知识维度和认知维度诊断模型的诊断效果。对知识维度诊断模型、认知维度诊断模型以及动态键值记忆网络模型在 3 个数据集上的实验结果进行对比，见表 4 - 19。

表 4 - 19                                        模型对比结果

| 模型 | 项目 2 | | 项目 3 简单直流电路 | | 项目 3 复杂直流电路 | |
|---|---|---|---|---|---|---|
| | AUC | ACC | AUC | ACC | AUC | ACC |
| 动态键值记忆网络模型 | 0.7720 | 0.7656 | 0.7830 | 0.7569 | 0.7758 | 0.7574 |
| 学习者知识掌握状态诊断模型（知识维度） | 0.7515 | 0.7415 | 0.7733 | 0.7445 | 0.7639 | 0.7453 |
| 学习者知识掌握状态诊断模型（认知维度） | 0.7829 | 0.7673 | 0.7926 | 0.7570 | 0.7801 | 0.7595 |

实验结果表明，在 3 个数据集上，认知维度诊断模型表现最好，其 AUC 和 ACC 均优于知识维度诊断模型和动态键值记忆网络模型。特别是在项目 2 数据集上，认知维度诊断模型提升效果最为明显，AUC 值高出动态键值记忆网络模型 0.0109，高出知识维度模型 0.0314。知识维度诊断模型在 AUC 值上稍逊于动态键值记忆网络模型和认知维度诊断模型，最低为 0.7515，但在可接受范围内。对实验结果的深入分析发现，知识维度诊断模型为了诊断学习者对真实知识点的掌握程度，对练习题涉及的知识点进行了详细划分，导致"知识点 - 练习题"完全矩阵较为稀疏，最终影响了模型的诊断效果。综上所述，相较于动态键值记忆网络模型，知

识维度诊断模型和认知维度诊断模型能够更有效地评估学生的知识掌握程度和认知发展水平。

#### 4.3.2.5　诊断结果可视化

以项目 2 数据集为基础，开展知识掌握状态可视化应用测试，旨在说明如何对诊断结果进行可视化数据处理。面向学生个体、学习同伴、班级整体和练习题等可视化主体，从认知维度和知识维度两个方面实现学习者知识掌握状态可视化。

1. 学生个体

针对学生个体，在知识维度上主要通过可视化展示学生的知识状态、薄弱知识点和学习过程状态，而在认知维度上则主要关注学生的认知发展水平。为了具体呈现这些信息，随机选取了项目 2 数据集中的一名学习者作为可视化对象（命名为 S42）。学习者 S42 在项目 2 上的测验分数为 20 分，每题计 1 分，具体的作答情况如表 4 - 20 所示。同时，利用雷达图、折线图以及二维表等图形展示学习者 S42 的知识掌握状态信息。通过雷达图，能清晰地看到该学习者在各个知识点上的得分情况，以及哪些知识点相对较弱；折线图则更直观地展示了学习者在整个学习过程中每题的得分变化趋势。这种细致入微的可视化有助于教师更全面地了解学习者的知识水平和弱势领域，为有针对性的辅导提供依据。

表 4 - 20　　　　　　　　学习者 S42 项目 2 测验作答情况

| 题号 | 1 | 2 | 3 | 4 | 5 | 6 | 7 | 8 | 9 | 10 | 11 | 12 | 13 | 14 | 15 |
|---|---|---|---|---|---|---|---|---|---|---|---|---|---|---|---|
| 得分 | 1 | 1 | 1 | 0 | 0 | 1 | 0 | 0 | 0 | 1 | 1 | 1 | 0 | 1 | 0 |
| 题号 | 16 | 17 | 18 | 19 | 20 | 21 | 22 | 23 | 24 | 25 | 26 | 27 | 28 | 29 | 30 |
| 得分 | 1 | 1 | 0 | 1 | 0 | 1 | 0 | 1 | 0 | 1 | 0 | 1 | 1 | 0 | 0 |

为保持可视化图表的清洁度，本节采用标识符代表具体知识点，项目 2 知识点与标识符对照关系如表 4 - 21 所示。

表 4-21　　　　　　　　　　　项目 2 知识点标识对照

| 知识点 | 标识 | 知识点 | 标识 | 知识点 | 标识 |
|---|---|---|---|---|---|
| 电路组成基本元素 | C_1 | 负载 | C_13 | 电流单位换算 | C_25 |
| 电路工作状态 | C_2 | 通路 | C_14 | 电流分类 | C_26 |
| 电阻基本知识 | C_3 | 短路 | C_15 | 电压定义 | C_27 |
| 电阻器分类和符号 | C_4 | 断路 | C_16 | 电位 | C_28 |
| 电阻器型号和参数 | C_5 | 电阻单位换算 | C_17 | 电动势定义 | C_29 |
| 电流 | C_6 | 电阻定律 | C_18 | 电功率单位换算 | C_30 |
| 电压 | C_7 | 固定电阻器 | C_19 | 电功率计算 | C_31 |
| 电动势 | C_8 | 可变电阻器 | C_20 | 电能单位换算 | C_32 |
| 电功率 | C_9 | 型号命名方法 | C_21 | 电能计算 | C_33 |
| 电能 | C_10 | 文字符号法 | C_22 | 部分电路欧姆定律 | C_34 |
| 欧姆定律 | C_11 | 数码法 | C_23 | 全电路欧姆定律 | C_35 |
| 电源 | C_12 | 色标法 | C_24 | 伏安特性曲线 | C_36 |

本书采用了 Python 的 Networks 库，绘制了一张网络图，以展示所有知识点之间的关联关系，同时呈现学生对这些知识点的整体掌握情况。在知识状态网络图中，每个节点代表一级知识点或二级知识点，节点之间的连线表示它们之间的关联关系。节点的颜色深浅和大小则反映学生对相应知识点的掌握程度，节点面积越大表示掌握程度越高，深灰色表示完全掌握，透明色表示完全未掌握，而浅灰色表示未完全掌握。具体展示了学生 S42 在项目 2 教学内容知识点上的整体掌握情况，如图 4-8 所示。

通过雷达图展示了学习者在各知识点的掌握程度以及各认知层次的发展水平。知识状态雷达图分为一级知识点和二级知识点两部分，而认知发展水平雷达图仅展示了测验练习题所涉及的认知层次。如图 4-9 所示，左侧雷达图清晰地呈现了学习者 S42 对项目 2 教学内容中的 11 个一级知识点的掌握情况，右侧雷达图则展示了学习者 S42 对项目 2 教学内容中的 25 个二级知识点的掌握情况。图中不同的边界代表不同知识点，而每个角上的值则表示学生在相应知识点上的掌握程度。通过这种可视化手段，教师可以迅速了解学生在各个知识点上的相对强弱，为有针对性地辅导提供参考。

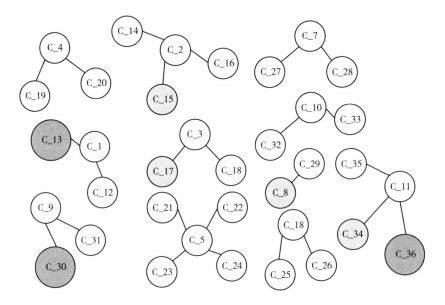

**图 4 - 8　学习者 S42 知识状态网络图**

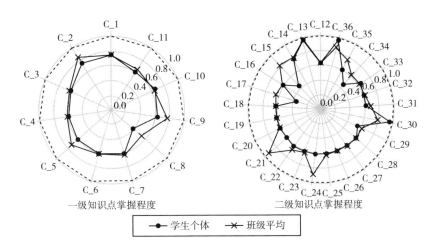

**图 4 - 9　学习者 S42 知识掌握状态雷达图**

图 4 - 10 展示了学习者 S42 在各个认知层次上的发展水平，从而更全面地了解学习者的认知状态。雷达图能使教师直观地观察到学习者在不同认知层次上的表现，有助于制定差异化的教学策略，促进学生在认知发展上的全面提升。

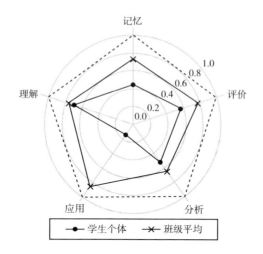

图 4 – 10　S42 认知状态雷达图

　　本节将掌握程度低于班级平均值的知识点定义为薄弱知识点，并使用二维表格来呈现这些薄弱知识点。根据项目 2 测验的诊断结果，表 4 – 22 展示了学习者 S42 在项目 2 上的薄弱知识点，从表中可知，学习者 S42 在一级知识点"电路工作状态"及其下属二级知识点"短路"的掌握程度较低，需要进一步巩固和练习。

表 4 – 22　　　　　　　　　　学习者 S42 项目 2 薄弱知识点

| 一级知识点 | 二级知识点 |
|---|---|
| 电路工作状态（C_2） | 短路（C_15） |
| 电阻器型号和参数（C_5） | 型号命名方法（C_21）、色标法（C_24） |
| 电动势（C_8） | 电动势定义（C_29） |
| 电功率（C_9） | 电功率单位换算（C_31） |
| 欧姆定律（C_11） | 部分电路欧姆定律（C_34）、全电路欧姆定律（C_35） |
| — | 电阻单位换算（C_17） |

　　学习过程状态折线图采用横坐标表示练习题，纵坐标表示知识点掌握程度，每一条折线的波动情况反映了学习者对知识点的学习过程状态变化。

如图 4-11 所示，展示了学习者 S42 的学习过程状态。为了保持图表简洁，仅展示了 4 个一级知识点的学习过程状态。以一级知识点"电路组成基本要素（C_1）"为例，该知识点涉及练习题第 1 题、第 11 题和第 26 题。S42 在这 3 道练习题的作答情况为"正确、正确、错误"。C_1 折线在这 3 道练习题的相应位置产生了"上升、上升、下降"的波动，在其他题目上保持平稳。这说明学习者 S42 在练习过程中对一级知识点"电路组成基本要素（C_1）"掌握程度有所变化。类似地，其他一级知识点的学习过程状态也在图中得以展示。

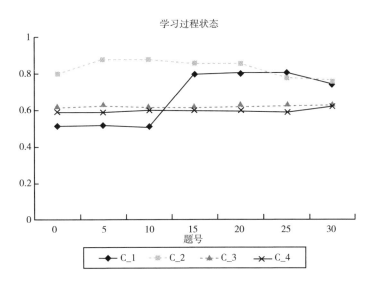

图 4-11　S42 学习过程状态

折线图能直观地观察到学生在学习过程中对不同知识点的学习状态变化，帮助学习者发现学习过程中的强项以及提升领域，更好地了解学生的学习动态，进而调整教学策略以提升学习效果。

2. 学习同伴

学习同伴可视化内容主要用于展示同一班级中相同分数段或不同分数段之间的平均知识状态和平均认知状态。本节随机选取了项目 2 数据集中的一个班级（XS 学校 21 机 3 班），将该班级学生按得分率划分为 0~60%、

60%~80%和80%~100%三个层次。利用箱线图展示相同得分率段中学生的知识状态或认知状态分布情况，有助于观察分数段内的差异和变化趋势，如图4-12所示；而通过雷达图展示不同分数段中学生的平均知识状态或平均认知状态的对比情况，如图4-13和图4-14所示。

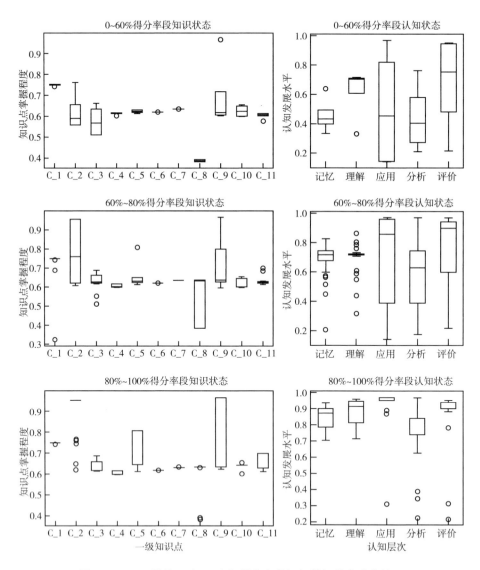

图4-12　XS学校21机3班各得分率段知识掌握状态分布情况

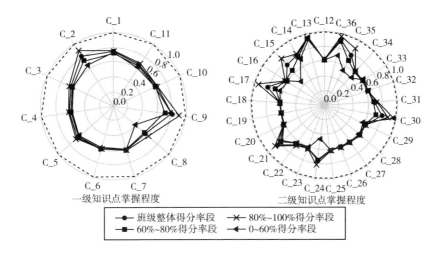

图 4 − 13　XS 学校 21 机 3 班各得分率段平均知识状态

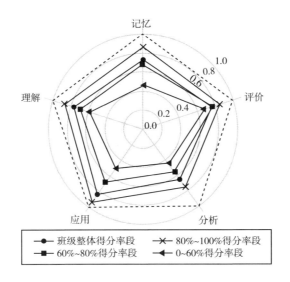

图 4 − 14　XS 学校 21 机 3 班各得分率段平均认知状态

3. 班级整体

班级整体可视化内容主要呈现各班级间知识状态和认知状态的平均水平。以 XS 学校的 21 机 3 班和 21 机 2 班为例，采用雷达图进行可视化，展示两班在各知识点的平均掌握程度以及各认知层次的平均发展水平。如图 4 − 15 和图 4 − 16 所示，两班在知识和认知维度上的平均状态差异较小，显示出班级间的发展相对均衡。通过这种可视化手段，能较清晰地了解两个班级在学科知识和认知能力上的整体表现，为进一步分析教学效果和改进教学策略提供有力的参考。

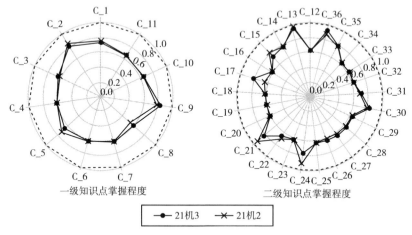

图 4 – 15   XS 班级平均知识状态

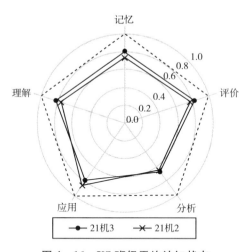

图 4 – 16   XS 班级平均认知状态

4. 练习题

一道练习题可能涵盖多个知识点或横跨多个认知层次。本节通过热力图展示练习题的知识权重和认知权重。图 4 – 17 展示了项目 2 练习题知识权重分布情况，图 4 – 18 展示了项目 2 练习题认知权重分布情况，其中权重值越大，对应的热力图颜色越深，反映了其对练习题的影响越大。每道练习题的权重和为 1，热力图能较清晰地了解每个知识点或认知层次在练习题中的相对重要性。通过这种可视化手段，能更加直观地分析练习题的复杂性和涉及的知识结构，为教学设计和教学评估提供深入的参考。

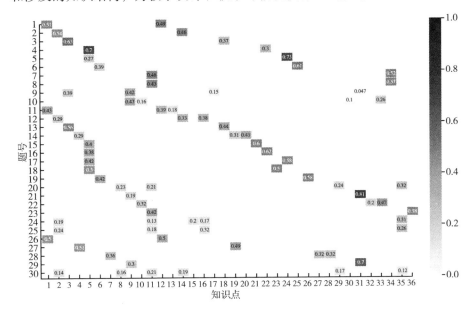

图 4 - 17　项目 2 练习题知识权重

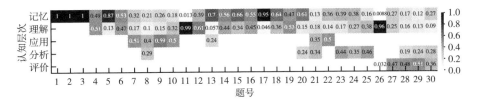

图 4 - 18　项目 2 练习题认知权重

## 4.3.3　知识追踪视域下学习者知识掌握状态可视化案例分析

本节以项目 3 两套测验试卷为实验材料，选取 ZZ 学校的 21 机器人班等四个班级的 159 名学生作为研究对象，旨在进行教学评价；依据学习者知识掌握状态可视化策略，生成学习者认知维度和知识维度的个性化诊断报告；通过采用访谈和预测等主客观相结合的方式，验证学习者知识掌握状态可视化策略的有效性。本实验利用项目 3 中简单直流电路部分测验数据分析学习者的知识维度状态，同时利用复杂直流电路部分测验数据分析学习者的认知维度状态，将得分率大于或等于 90% 定义为优秀，得分率大于或等于 60% 定义为及格。试卷回收情况见表 4 - 23。为使可视化图表界面更为简洁，项目 3 中知识点标识符对照如表 4 - 24 所示。

表 4 - 23　　　　　　　　实验对象及试卷情况

| 学校 | 班级 | 人数（名） | 有效试卷 | |
|---|---|---|---|---|
| | | | 项目 3 简单直流电路部分测验（份） | 项目 3 复杂直流电路部分测验（份） |
| ZZ | 21 机器人 | 40 | 38 | 38 |
| | 21 电 1 | 38 | 38 | 38 |
| | 21 电 2 | 42 | 42 | 41 |
| | 21 电 3 | 39 | 38 | 38 |

表 4 - 24　　　　　　　　项目 3 测验试卷知识点标识对照表

| 知识点 | 标识 | 知识点 | 标识 | 知识点 | 标识 |
|---|---|---|---|---|---|
| 电能 | C_1 | 串联电路连接方式 | C_10 | 并联电路电阻特点 | C_19 |
| 电功率 | C_2 | 串联电路电流特点 | C_11 | 并联电路功率特点 | C_20 |
| 欧姆定律 | C_3 | 串联电路电阻特点 | C_12 | 并联电路电流分配 | C_21 |
| 电阻串联电路 | C_4 | 串联电路电压特点 | C_13 | 并联电路功率分配 | C_22 |
| 电阻并联电路 | C_5 | 串联电路电压分配 | C_14 | 电阻并联电路应用 | C_23 |
| 电阻混联电路 | C_6 | 串联电路功率分配 | C_15 | 混联电路连接方式 | C_24 |
| 电能计算 | C_7 | 电阻串联电路应用 | C_16 | 混联电路等效电阻计算 | C_25 |
| 电功率计算 | C_8 | 并联电路连接方式 | C_17 | | |
| 部分电路欧姆定律 | C_9 | 并联电路电压特点 | C_18 | | |

#### 4.3.3.1　知识维度状态分析

1. 班级整体知识维度状态可视化分析

从表 4 - 25 分析可知，ZZ 学校四个班级的成绩分布存在一定差异。21 机器人班和 21 电 1 班的成绩表现较为优秀，而 21 电 3 班的成绩相对一般。

具体而言，21 机器人班和 21 电 1 班虽然平均分较为接近，但 21 机器人班的优秀率较高，有超过半数的同学获得 27 分及以上；21 电 2 班没有不及格的学生，班级最低分为 21 分，虽然其优秀率低于 21 机器人班，但整体水平较高；21 电 2 班的优秀率为 28.57%，但也有近 15% 的学生成绩不及格；相比之下，21 电 3 班仅有一半的学生成绩及格。

表 4 – 25　　　　　　　　　项目 3 简单直流电路部分测验得分概况

| 班级 | 最高分 | 最低分 | 平均分 | 优秀率（%） | 及格率（%） |
|---|---|---|---|---|---|
| 21 机器人 | 30 | 15 | 25.95 | 52.63 | 97.37 |
| 21 电 1 | 29 | 21 | 25.80 | 42.11 | 100.00 |
| 21 电 2 | 30 | 12 | 23.05 | 28.57 | 85.71 |
| 21 电 3 | 27 | 11 | 18.50 | 5.26 | 50.00 |

为深入分析 ZZ 学校各班级成绩分布的原因，本节对各班级知识点平均掌握状态进行了可视化分析，如图 4 – 19 所示。在项目 3 简单直流电路部分测验所涉及的知识点中，"电能"（C_1）和"电能计算"（C_7）两个知识点仅在最后一道练习题中出现，因此四个班级在这两个知识点上的掌握状态同为初始化状态。在四个班级中，21 机器人班和 21 电 1 班的平均知识状态整体分布较为接近，知识点掌握程度最好；21 电 2 班的知识点掌握程度次之；而 21 电 3 班的知识点掌握程度最低，与平均分的结果相一致。具体来说，21 电 1 班在知识点"串联电路连接方式"（C_10）上的平均知识状态较为薄弱，建议开展针对 C_10 的巩固和复习活动；21 电 2 班平均知识状态表现良好，部分知识点掌握情况已接近 21 机器人班和 21 电 1 班，但建议重点关注成绩不及格的学生，及时给予个性化辅导练习，以提升整体知识掌握水平；相较于其他班级，21 电 3 班仅在知识点"串联电路功率分配"（C_15）和"并联电路电流分配"（C_21）上掌握较好，其余知识点学习效果不佳，建议教师调整教学进度和策略，加强相关内容的巩固和练习；21 机器人班整体表现较好，但在知识点"并联电路电流分配"（C_21）上的平均知识状态相对较弱，建议开展有针对性的练习。

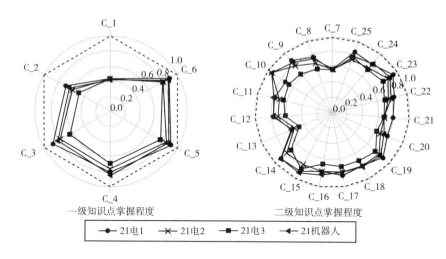

一级知识点掌握程度　　　　　二级知识点掌握程度

→ 21电1　　─✕─ 21电2　　─■─ 21电3　　◀ 21机器人

**图4-19　ZZ学校四个班级平均知识状态**

同时，利用各班级在测验中每个练习题上的得分率对平均知识状态进行可视化分析，如图4-20～图4-23所示，进一步佐证相关结论。例如，在知识点"串联电路连接方式"（C_10）上，21机器人班的平均知识状态高于21电1班；而在知识点"并联电路电流分配"（C_21）上，21机器人班的平均知识状态低于21电1班。具体来说，知识点C_10仅涉及第1题，而知识

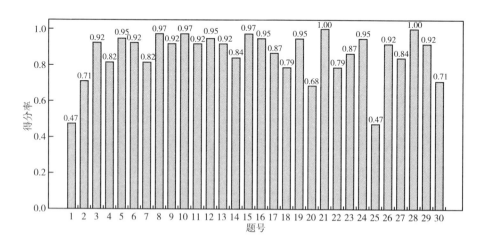

**图4-20　ZZ学校21电1班得分率**

点 C_21 仅涉及第 18 题。在第 1 题上，21 机器人班的得分率为 100%，高于 21 电 1 班的 47.37% 得分率；而在第 18 题上，21 机器人班的得分率为 65.79%，低于 21 电 1 班的 78.95% 得分率。ZZ 学校四个班级具体得分数据与平均知识状态可视化分析结果相一致，较好地说明了各班级在不同知识点上表现差异。

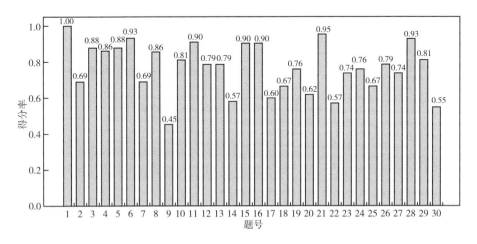

图 4–21　ZZ 学校 21 电 2 班得分率

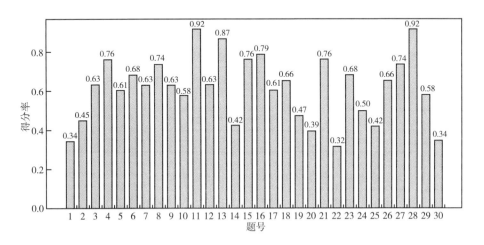

图 4–22　ZZ 学校 21 电 3 班得分率

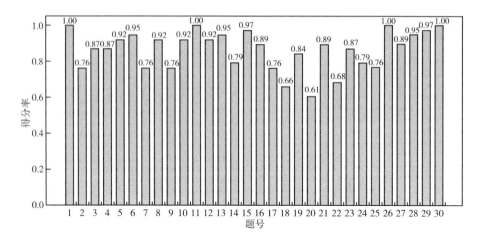

图 4 – 23　ZZ 学校 21 机器人班得分率

2. 学生个体知识维度状态可视化分析

除了关注班级间平均知识状态的差异和分析班级内共性的薄弱知识，深入了解班级内每个学生个体对各知识点的个性化掌握程度也非常必要，这有助于教师和学生更清晰地认识每个个体的学习效果。本章节随机选取了 21 机器人班中的一名学习者（命名为 S20）作为学生个体的分析对象，从知识状态、薄弱知识点以及学习过程状态等方面进行了可视化分析。学习者 S20 在项目 3 简单直流电路部分测验中获得了 28 分，其具体作答情况如表 4 – 26 所示。

表 4 – 26　　　　学习者 S20 项目 3 简单直流电路部分测验作答情况

| 题号 | 1 | 2 | 3 | 4 | 5 | 6 | 7 | 8 | 9 | 10 | 11 | 12 | 13 | 14 | 15 |
|------|---|---|---|---|---|---|---|---|---|----|----|----|----|----|----|
| 得分 | 1 | 0 | 1 | 1 | 1 | 1 | 1 | 1 | 1 | 1 | 1 | 1 | 1 | 0 | 1 |
| 题号 | 16 | 17 | 18 | 19 | 20 | 21 | 22 | 23 | 24 | 25 | 26 | 27 | 28 | 29 | 30 |
| 得分 | 1 | 1 | 1 | 1 | 1 | 1 | 1 | 1 | 1 | 1 | 1 | 1 | 1 | 1 | 1 |

设定学习者知识点掌握程度小于 0.5 为未掌握状态，大于等于 0.5 且小于 0.8 为未完全掌握状态，大于等于 0.8 为完全掌握状态。从图 4 – 24 中可以发现，学习者 S20 在知识点"电能"（C_1）上处于未掌握状态，对知识点"电功率"（C_2）等 6 个知识点属于未完全掌握状态，而对"欧姆定律"（C_3）等剩余 18 个知识点则表现为完全掌握状态。

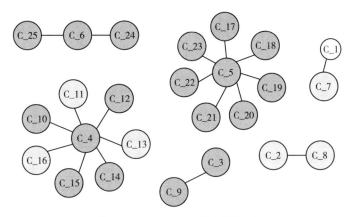

图 4 − 24　S20 知识状态网络图

图 4 − 25 展示了学习者 S20 的知识状态雷达图，从图中可以发现，学习者 S20 在一级知识点中，对"欧姆定律"（C_3）、"电阻并联电路"（C_5）和"电阻混联电路"（C_6）的掌握程度高于班级平均水平。然而，在一级知识点"电能"（C_1）、"电功率"（C_2）和"电阻串联电路"（C_4）上，S20 的掌握程度小于或等于班级平均水平。此外，对于二级知识点，学习者 S20 在"电功率计算"（C_8）、"串联电路电流特点"（C_11）和"电阻串联电路应用"（C_16）等方面的掌握程度低于班级平均水平。

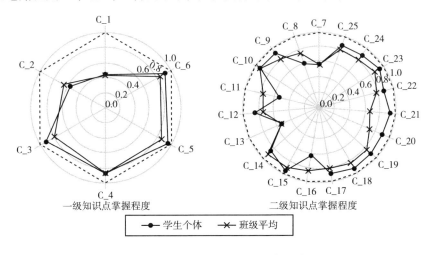

图 4 − 25　学习者 S20 知识状态雷达图

学习者 S20 在第 2 题和第 14 题中回答错误,这两题与一级知识点"电功率"(C_2)和"电阻串联电路"(C_4)相关联。通过与班级平均知识状态对比,学习者 S20 在项目 3 简单直流电路部分的薄弱知识如表 4 – 27 所示。

表 4 – 27          学习者 S20 项目 3 简单直流电路部分薄弱知识点

| 一级知识点 | 二级知识点 |
|---|---|
| 电功率(C_2) | 电功率计算(C_8) |
| 电阻串联电路(C_4) | 串联电路电流特点(C_11)<br>电阻串联电路应用(C_16) |

选择"电能"(C_1)、"电功率"(C_2)和"欧姆定律"(C_3)3 个一级知识点作为学习过程状态的可视化分析对象。学习者 S20 的学习过程状态变化折线图如图 4 – 26 所示。由于上述三个知识点均未涉及第 1 题,因此作答第 1 题后的知识状态为初始化状态,而在未涉及题目时,知识状态保持平稳。具体而言,学习者 S20 在正确回答第 7 题后,"电功率"(C_2)的知识状态明显上升。然而,在错误回答第 14 题后,"电功率"(C_2)的知识状态出现回落现象。随着后续正确回答第 20 题和第 30 题,学习者 S20 的"电功率"(C_2)知识状态逐渐上升到当前的水平。这种学习过程状态的变化对于了解学生在学习过程中的掌握情况和学习策略的调整具有重要意义。

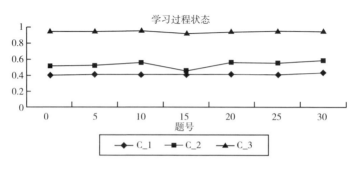

图 4 – 26  S20 学习过程状态

3. 学习同伴知识维度状态可视化分析

即使两名学习者获得相同的分数，其知识点掌握程度仍可能存在差异。通过分析相同分数段学习者的知识状态，有助于激发竞争意识，增强学习兴趣。同时，对不同分数段学习者的知识状态进行分析，有利于教师全面了解班级各层次学习者的知识状态分布，从而设计分层的教学策略。本章节将 ZZ 学校 21 机器人班学生按得分率划分为 80% ~ 100%、60% ~ 80% 以及 0 ~ 60% 三个段，该班各得分率段对一级知识点和二级知识点的平均掌握程度雷达图如图 4 - 27 所示。与得分率 80% ~ 100% 学生的知识状态相比，得分率为 60% ~ 80% 的学习者在"电功率"（$C\_2$）、"欧姆定律"（$C\_3$）等项目 2 章节中的知识点上差距较大，建议该分数段的学习者及时复习项目 2 相关内容。得分率 60% 以下学习者的知识状态与得分率 80% ~ 100% 学习者的知识状态相比差距较大，建议教师采取分组学习策略，促使优秀学习者充分发挥"传帮带"作用，帮助得分率 60% 以下的学习者快速补齐短板。

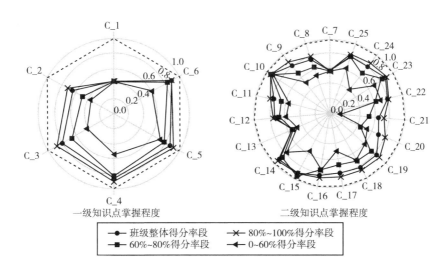

图 4 - 27　ZZ 学校 21 机器人班各得分率段平均知识状态

同时，利用箱线图展示各分数段学习者对每个知识点掌握程度的分布情况，ZZ 学校 21 机器人班各分数段对一级知识点的掌握程度箱线图如图 4 - 28 所示。在箱线图中，五条短线从下至上依次表示最小值、第一四分位数、中位数、第三四分位数和最大值，而箱子的宽度反映了数据的差异程度。观察图 4 - 28，可以发现得分率 60% 以下学生在知识点"电阻并联电路"（C_5）上的掌握程度较为离散，60% ~ 80% 分数段的学生在"欧姆定律"（C_3）和"电阻混联电路"（C_6）上的掌握程度也呈现较大的离散度，而 80% ~ 100% 分数段的学生在"电功率"（C_2）和"欧姆定律"（C_3）上的掌握程度同样存在较为明显的离散性。知识点掌握程度分布较为离散意味着学习者的成绩存在较大差异，因此教师在教学过程中不仅需要关注各分数段学生的薄弱知识点，还应注重各分数段离散分布的知识点。这有助于教师更全面地了解学生在不同知识点上的学习表现，为个性化的教学方案设计提供更为精准的指导。

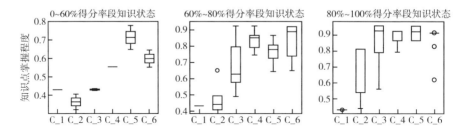

**图 4 - 28　ZZ 学校 21 机器人班各得分率段知识状态分布情况**

学习者 S20 的测试成绩位于 80% ~ 100% 分数段，C_1 ~ C_6 等 6 个一级知识点的掌握程度依次为 0.4319、0.5612、0.9199、0.8655、0.9575、0.9143。在该分数段内，学习者 S20 对知识点"电功率"（C_2）和"电阻串联电路"（C_4）的掌握程度较低，而对知识点"电阻并联电路"（C_5）的掌握程度相对较高。为了保持当前的知识状态，建议学习者 S20 继续进行对知识点"电阻并联电路"（C_5）等方面内容的练习，并及时寻求对"电功率"（C_2）和"电阻串联电路"（C_4）等知识点掌握较好的学习同伴的帮助。例如，与80%～100%得分率段中的学习者 S12 相比，学习者 S20 可以通过与学习者 S12 的学习对比，更好地理解和掌握这些知识点。学习者 S20 与 S12 的知识状态如图 4 - 29 所示。

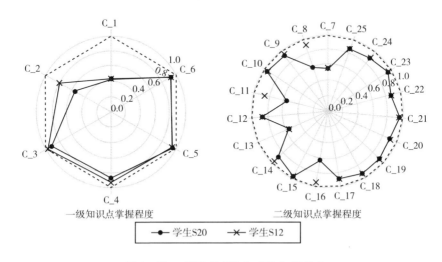

一级知识点掌握程度　　　　　　　　二级知识点掌握程度

**图 4 - 29　学习者 S20 与 S12 知识状态**

4. 练习题知识维度状态分析

图 4 - 30 展示了项目 3 简单直流电路部分测验练习题的知识权重热力图。横坐标表示 25 个知识点，纵坐标表示 30 道练习题，每一行表示该练习题所包含知识点的知识权重。例如，知识点"串联电路连接方式"（C_10）在第 1 题中所占的权重最大，其知识权重值为 0.54。教师可以在后续教学中将第 1 题作为知识点"串联电路连接方式"的相关练习题，为有需求的学生提供针对性的练习。同样地，知识点"电阻串联电路应用"（C_16）在第 2 题中所占的权重最大，其知识权重值为 0.65。学习者在完成项目 3 简单直流电路部分内容学习后，若想进行关于知识点"电阻串联电路应用"的针对性练习，可以选择第 2 题。练习题知识权重热力图有助于教师根据知识点权重为学生提供更有针对性的练习内容，提高学生对关键知识点的掌握水平。

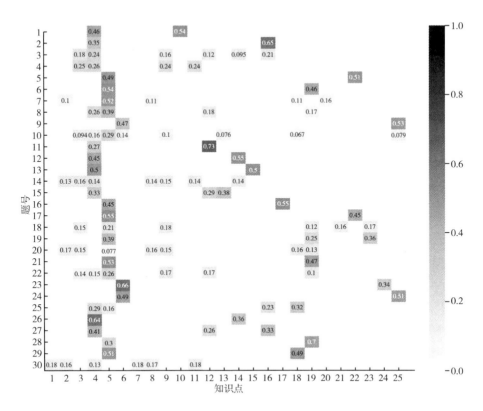

图 4 - 30　项目 3 简单直流电路部分测验练习题知识权重

### 4.3.3.2　认知维度状态可视化分析

1. 班级整体认知维度状态可视化分析

表 4 - 28 展示了项目 3 复杂直流电路部分测验得分概况。与 ZZ 学校项目 3 简单直流电路部分测验得分情况对比，ZZ 学校 21 电 2 班成绩下滑较为严重；ZZ 学校 21 机器人班和 21 电 1 班得分率大于或等于 90% 的人数明显减少；ZZ 学校 21 电 3 班整体成绩提升较多，及格率提升了 23.68%。

表 4 - 28　　　　　　　项目 3 复杂直流电路部分测验得分概况

| 班级 | 最高分 | 最低分 | 平均分 | 优秀率（%） | 及格率（%） |
|---|---|---|---|---|---|
| 21 机器人 | 25 | 14 | 20.74 | 34.21 | 97.37 |
| 21 电 1 | 25 | 13 | 20.42 | 34.21 | 92.11 |

续表

| 班级 | 最高分 | 最低分 | 平均分 | 优秀率（%） | 及格率（%） |
|---|---|---|---|---|---|
| 21 电 2 | 23 | 8 | 16.15 | 2.44 | 68.29 |
| 21 电 3 | 23 | 8 | 17.11 | 2.63 | 73.68 |

相较于项目 3 简单直流电路部分内容，项目 3 复杂直流电路部分的知识难度较大，需要更多地运用较高阶层的认知层次。练习题所涉及的认知层次与其题型和解题思维密切相关。通过分析班级学习者的平均认知层次发展水平，有助于教师在选择作业题型和讲授解题方法时更具针对性，更好地促进学习者的认知发展。根据项目 3 复杂直流电路部分测验数据，ZZ 学校各班级的平均认知状态对比情况如图 4 - 31 所示。

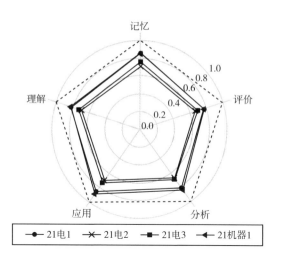

图 4 - 31　ZZ 学校各班级平均认知状态

21 电 1 班和 21 机器人班的平均认知状态分布较为接近，21 电 2 班和 21 电 3 班的平均认知状态分布较为相似，这与四个班级的测验平均分表现一致。在五个认知层次中，21 电 2 班和 21 电 3 班的平均认知状态与 21 电 1 班和 21 机器人班存在一定差距，尤其在"应用"和"分析"这两个认知层次上的差距最为显著。为提升 21 电 2 班和 21 电 3 班学习者的认知水平，建议教师及时复习项目 3 复杂直流电路部分的基础性知识，在课堂及课后练习中多选用涉及

"记忆""理解"等较低认知层次的练习题。同时，在讲解解题思维和方法时，应重点引导和培养学习者的执行和组织等能力，以缩小认知差距。

2. 学生个体认知维度状态可视化分析

高水平认知层次的发展依赖于低水平认知层次的发展。教师对班级学生个体认知发展水平了解得越详细，越有利于促进学生认知的全面发展。本节随机选取 21 电 2 班的一名学习者（命名为 S9）进行学生个体认知状态的可视化分析。学习者 S9 在项目 3 复杂直流电路部分测验中获得 18 分，其具体作答情况如表 4 – 29 所示。根据学习者 S9 的测验数据，获得其在各认知层次上的认知状态雷达图，如图 4 – 32 所示。

表 4 – 29　　　　　　　　S9 项目 3 复杂直流电路部分测验作答情况

| 题号 | 1 | 2 | 3 | 4 | 5 | 6 | 7 | 8 | 9 | 10 | 11 | 12 | 13 |
|---|---|---|---|---|---|---|---|---|---|---|---|---|---|
| 得分 | 0 | 1 | 1 | 1 | 1 | 1 | 0 | 1 | 0 | 1 | 1 | 1 | 1 |
| 题号 | 14 | 15 | 16 | 17 | 18 | 19 | 20 | 21 | 22 | 23 | 24 | 25 | |
| 得分 | 1 | 1 | 0 | 0 | 1 | 1 | 1 | 0 | 1 | 0 | 1 | 1 | |

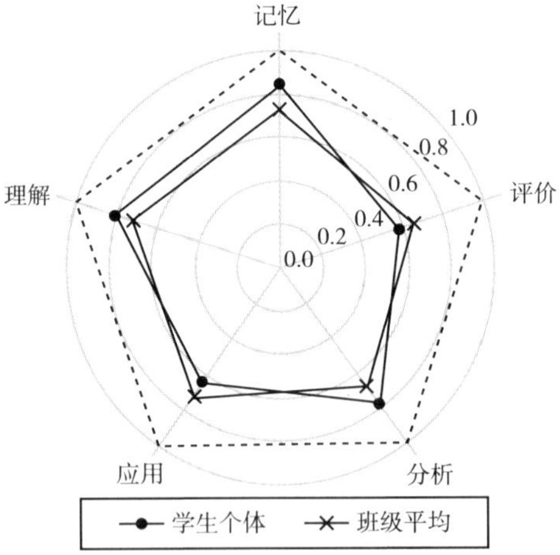

图 4 – 32　S9 认知状态雷达图

学习者 S9 在涉及"应用"认知层次的练习题上答错 5 次，在涉及"评价"认知层次的练习题上答错 2 次，其水平略低于班级平均水平。为促进学习者 S9 的问题解决和迁移能力，建议教师及时帮助学习者 S9 复习相关问题的解题程序，并为其布置新的问题情景。同时，建议学习者 S9 及时巩固相关内容的概念，为进一步提升检查和评论等能力奠定基础。

3. 学习同伴认知维度知识状态可视化分析

以 ZZ 学校 21 电 2 班为例，按得分率将班级划分为 80%～100%、60%～80% 以及 0～60% 三个段，该班各分数段平均认知状态雷达图如图 4－33 所示。由于 21 电 2 班优秀率和及格率较低，因此班级整体的平均认知状态介于 60%～80% 得分率段和 0～60% 得分率段的平均认知状态之间。在 80%～100% 得分率段的学习者中，"分析" 和 "评价" 两个认知层次相对较弱，教师可在后续教学中更多地开展区分、归因以及评论等学习活动。对于 60%～80% 得分率段的学习者，"应用" 和 "分析" 两个认知层次相对较弱，建议教师在后续教学中更多地开展实施执行、区分以及归因等学习活动。对于 0～60% 得分率段的学习者，整体认知层次发展水平较低，建议教师先鼓励这一分数段的学习者发展低认知层次，从概念的识记到概念的分类、总结等，夯实巩固基础性知识。

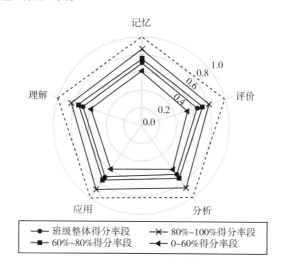

图 4－33　ZZ 学校 21 电 2 班各得分率段平均知识状态

为更全面展示各分数段内学习者在各认知层次发展水平的分布情况，本节呈现了21电2班各分数段平均认知状态的箱线图，如图4-34所示。在0~60%得分率段内，学习者在"分析"和"评价"两个认知层次的发展水平较为离散；在60%~80%得分率段内，学习者在"应用""分析""评价"三个认知层次的发展水平较为离散；而在80%~100%得分率段内，学习者在"理解"这一认知层次的发展水平相对较为离散。分数越低的段落，学习者的认知发展分布越容易出现较大的差异，这表明成绩较低的学习者在基础知识上存在较大差异。建议教师在面向0~60%得分率段的学生时，及时关注学习者的个性化认知状态，以避免因为过于通用的教学方法而影响这部分学生的学业进展。

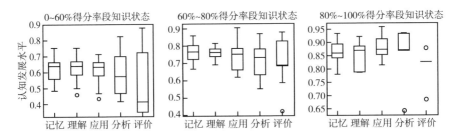

**图4-34  ZZ学校21电2班各得分率段认知状态分布情况**

在ZZ学校21电2班中，学生S9的测试成绩为18分，处于60%~80%得分率段。为了激发学习者S9的学习兴趣，向其展示班级中成绩同为18分的学习者S12的认知状态，如图4-35所示。对于学生S9而言，通过努力提升"应用"和"评价"认知层次的发展水平，特别是在"应用"认知层次上取得更大的进展，将有望超越学习同伴S12的水平。

4. 练习题认知维度状态可视化分析

项目3复杂直流电路部分测验的认知权重热力图如图4-36所示。图中纵坐标表示5个认知层次，横坐标表示25道练习题，每一列表示练习题所涉及的认知层次的权重值。在该测验中，第1题、第4题等属于"记忆"层次的练习题，第3题、第11题等更侧重运用"理解"能力，第8题、

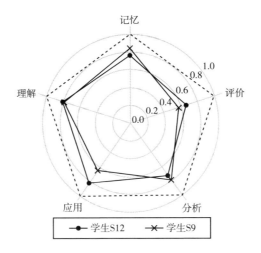

**图 4 – 35　学生 S9 与 S12 认知状态**

第 9 题等更侧重于运用"应用"能力，第 5 题、第 6 题等更侧重于运用"分析"能力，而第 22 题和第 24 题等更侧重于运用"评价"能力。基于这些认知权重，教师在后续教学活动中可以有针对性地选择更为合适的试讲例题或作业习题。

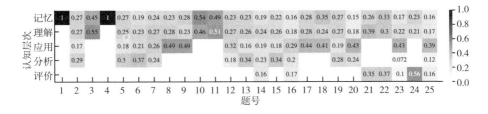

**图 4 – 36　项目 3 复杂直流电路部分测验练习题认知权重**

### 4.3.3.3　诊断报告可视化设计

教学评价是对本阶段内教师教学效果和学习者学习效果的反馈。个性化诊断报告的使用者是职业学校的教师和学习者。在学习者完成测验后，基于学生知识掌握状态可视化策略制作教师版和学生版的个性化诊断报告，帮助教师从整体上把握班级以及个体的知识掌握程度，帮助学习者更清晰地认识到自身知识掌握程度。

教师版个性化诊断报告主要包括：考试概览、知识清单、练习题权重、班级间对比、班级各分数段对比、高频错题和重点关注学习者等内容。其中，考试概览包含班级最高分、最低分、平均分、及格率和优秀率等班级整体性指标；知识清单为本次测验中每道练习题所涉及的知识点列表；练习题权重包含练习题的知识权重和认知权重；班级间对比为同一学校内不同班级在知识维度和认知维度上的平均水平对比；班级各分数段对比为各分数段在知识维度和认知维度上的分布和对比情况；高频错题为班级得分率低于60%的练习题汇总；重点关注学习者主要展示班级不及格学习者或最低分学习者的知识掌握状态；每一部分给予相应的学科领域分析以及后续教学建议。

学生版个性化诊断报告主要包括：考试概览、知识清单、知识掌握状态、学习同伴状态分布和薄弱知识清单等内容。其中，考试概览包含该学生的考试成绩、班级最高分、最低分和平均分等信息；知识清单为本次测验中每道练习题所涉及的知识点列表；知识掌握状态展示该名学生知识状态和认知状态；学习同伴状态分布展示该学生所在分数段的知识维度和认知维度分布情况以及推荐的学习同伴；薄弱知识清单为掌握程度低于班级平均水平的知识点汇总；每一部分给予相应的学科领域分析以及后续学习建议。

### 4.3.3.4  诊断报告有效性检验

采用主观和客观相结合的方式来验证个性化诊断报告的有效性。在主观方面，研究人员进行了半结构化访谈：实验结束后，对 ZZ 学校参与实证研究的教师和学习者进行访谈，以调查他们对个性化诊断报告的使用感受和认可程度。客观方面采用学生表现预测：实验结束后，对 ZZ 学校参与实证研究的班级布置一次全新的测验，该测验涵盖已学习的知识点，根据每一位学习者诊断报告中的知识状态预测其作答情况，以验证个性化诊断报告结果的准确性。

1. 认可程度访谈

（1）教师方面。ZZ 学校 21 机器人班的教师表示："我平时经常使用课堂提问、阶段测试等评价方式。教学中都是根据学生的反馈和经验评估知识点的难度，如果能够准确地展示学生的水平那肯定是更好的选择。个性化诊断报告展示的信息比较全面，能够直观地了解到班级的发展情况，尤其是重点关注学生部分内容，在一定程度上减轻了我的学情分析负担。我会结合教学经验采取相应的措施，比如分层教学、针对性的复习和作业布置等。在使用过程中也发现了一些小问题，比如那个箱线图和权重图，一开始我是不理解的，使用起来还是有些难度。"

ZZ 学校 21 电 3 班的教师表示："我在教学评价中经常运用过程性评价和总结性评价，也就是课堂提问、阶段性测验以及期末考试等方式。我觉得在教学过程中，可视化展示学生的认知状态是重要且有新意的。因为作为一位老师，只有更好地了解自己所带班级学生的学习认知状态，才能够更好地开展教学。我可以通过这种可视化的图表更清晰地了解学生对知识的掌握情况，从而调整自己的教学进度，能够在很大程度上帮助我改善教学。我会及时根据诊断结果采取相应的措施，因为诊断报告可以告诉我学生对知识点的掌握情况是怎么样的，而以往的测试，我很难照顾到每一位同学。针对学生的掌握情况，我可以调整教学并采取相应的措施。"

（2）学生方面。ZZ 学校的学生 S15 认为："平时的教学评价一般就是做练习题、阶段性的考试，以及教师和同伴的评价。这些教学评价没办法指出我对哪些知识点掌握得不好，比如错题，有些我不会的题目我甚至都不知道考查的是哪个知识点，所以也不能起到查漏补缺的作用。考试成绩可以反映我的学习情况，但是老师不可能一对一辅导我试卷的对错情况。总体来说，我认为这些评价对我的帮助不大。个性化诊断报告清楚地展现了每个题目对应的知识点以及重点，能够帮助我学习掌握不好的知识点，另外班级水平的呈现也能促进我的学习。我觉得诊断结果是准确的，对于知识点也有准确的划分。"

另一位学生 S34 表示："在学校一般都是随堂测试、期末考试、作业汇报。它们有一定的作用，但是用处不大。这次的诊断报告展示了每道题目所对应的知识点，这种形式的教学评价很全面，除了知道自己分数和错题之外，还可以很方便地找到错题对应的知识点及其相关知识点，准确地评价了我的掌握情况，可以对比自己每个知识点的掌握情况在班级达到的水平，可以了解到我的学习伙伴的学习状态。对我的知识点掌握情况的评价非常客观，并能挖掘到薄弱知识与其相关的知识点。"

总体而言，师生对于基于学习者知识掌握状态可视化策略生成的个性化诊断报告持积极态度，认为其为后续教学和学习提供了丰富的评价信息，同时也提到了一些可能需要改进的方面，如图表的识读和理解需要一定的统计学基础。因此，个性化诊断报告仍需进一步完善相关注释等工作。

2. 学习者作答情况预测

在 ZZ 学校 21 机器人班进行了学习者知识掌握状态诊断分析后，研究人员随后对该班级进行了一次小测验。该小测验包含 10 道练习题，共涉及项目 2 和项目 3 简单直流电路部分内容中的 15 个知识点。为评估学生的知识掌握情况，研究人员利用基于项目 3 简单直流电路部分测验所获得的知识状态，预测学习者在小测验上的作答表现。具体而言，将小测验中每道练习题所涉及的多个知识点设置为相同权重，每道练习题的权重和为 1，并将学生知识状态加权求和后的结果作为学习者正确回答练习题的概率。

经过试卷的分发、收集和处理等步骤，剔除学号信息不明的试卷后，最终获得了 28 份测验试卷。21 机器人班学生的作答情况预测如表 4 – 30 所示。其中，真实作答情况表示学习者在小测验的第 1 ~ 10 题的真实作答数据，而预测作答情况则是基于知识状态的预测数据，其中 1 表示回答正确或预测回答正确，0 表示回答错误或预测回答错误。此次测试中，28 名学生的预测作答情况与真实作答情况综合相符率为 90%，表明个性化诊断报告提供的诊断结果相当准确。

表 4 – 30　　　　　　　　　　　　　　学生作答情况预测

| 学号 | 真实作答情况 | 预测作答情况 | 准确率 |
|---|---|---|---|
| S1 | [1,1,1,1,1,1,1,1,1,1] | [1,1,1,1,1,1,1,1,1,1] | 1.0 |
| S2 | [1,1,1,0,1,1,1,1,1,1] | [1,1,1,1,1,1,1,1,1,1] | 0.9 |
| S4 | [1,1,1,0,1,1,1,1,1,1] | [1,1,1,1,1,1,1,1,1,1] | 0.9 |
| S5 | [1,1,1,0,1,1,1,1,1,1] | [1,1,1,1,1,1,1,1,1,1] | 0.9 |
| S8 | [1,1,1,1,1,1,1,1,1,1] | [1,1,1,1,1,1,1,1,1,1] | 1.0 |
| S9 | [1,1,1,1,1,1,1,1,1,1] | [1,1,1,1,1,1,1,1,1,1] | 1.0 |
| S10 | [1,1,1,1,1,1,1,1,1,1] | [1,1,1,1,1,1,1,1,1,1] | 1.0 |
| S12 | [1,1,1,1,1,1,1,1,1,1] | [1,0,1,1,1,1,1,1,1,1] | 0.9 |
| S13 | [1,1,1,1,1,1,1,1,1,1] | [1,1,1,1,1,1,1,1,1,1] | 1.0 |
| S14 | [1,1,1,1,1,1,1,1,1,1] | [1,1,1,0,1,1,1,1,1,0] | 0.8 |
| S15 | [1,1,1,1,1,1,1,1,1,1] | [1,0,1,1,1,1,1,1,1,1] | 0.9 |
| S16 | [1,1,1,1,1,1,1,1,1,1] | [1,1,1,1,1,1,1,1,1,1] | 1.0 |
| S17 | [1,1,1,1,1,1,1,1,1,1] | [1,1,1,0,1,1,1,1,1,1] | 0.9 |
| S18 | [1,1,1,1,1,1,1,1,1,1] | [1,1,1,0,1,1,1,1,1,0] | 0.8 |
| S19 | [1,1,1,1,1,1,1,1,1,1] | [0,1,1,1,1,1,1,1,1,0] | 0.8 |
| S20 | [1,1,1,1,1,1,1,1,1,1] | [1,1,1,1,1,1,1,1,1,1] | 1.0 |
| S21 | [1,1,1,0,1,1,1,1,1,1] | [1,1,1,1,1,1,1,1,1,1] | 0.9 |
| S23 | [1,1,1,0,1,1,1,1,1,1] | [1,1,1,1,1,1,0,0,0,1] | 0.6 |
| S24 | [1,1,1,1,1,1,1,1,1,1] | [1,1,1,1,1,1,1,1,1,1] | 1.0 |
| S26 | [1,1,1,1,1,1,1,1,1,1] | [1,1,1,1,1,1,1,1,1,1] | 1.0 |
| S28 | [1,1,1,1,1,1,1,1,1,1] | [0,1,1,1,1,1,1,1,1,0] | 0.8 |
| S31 | [1,1,1,1,1,1,1,1,1,1] | [1,1,1,1,1,1,1,1,1,0] | 0.9 |
| S33 | [1,1,1,1,1,1,1,1,1,1] | [1,1,1,1,1,1,1,1,1,1] | 1.0 |
| S34 | [1,1,1,1,1,1,1,1,1,1] | [1,1,1,1,1,1,1,1,1,0] | 0.9 |
| S35 | [1,1,1,0,1,1,1,1,1,1] | [1,1,1,1,1,1,0,1,0,1] | 0.7 |
| S36 | [1,1,1,1,1,1,1,1,1,1] | [1,1,1,0,1,1,1,0,1,1] | 0.8 |
| S38 | [1,1,1,0,1,1,1,1,1,1] | [1,0,1,0,1,1,1,1,0,1] | 0.8 |
| S39 | [1,1,1,1,1,1,1,1,1,1] | [1,1,1,1,1,1,1,1,1,1] | 1.0 |

## 4.4　本章小结

  知识追踪视域下学习者知识掌握状态可视化研究，为个性化教学深入开展提供更直观的评价形式。本章深入探讨了学习者知识掌握状态可视化概念、策略以及应用实践等内容，通过清晰呈现学习者的知识掌握状态，教师能够更好地理解每位学习者的学习需求，有针对性地调整教学策略，提供更符合学习者个体差异的支持服务。后续研究人员将结合先进的数据分析和人工智能技术，提高知识掌握状态可视化分析的准确性和全面性，以适应各类知识结构和学科特色需求；同时，进一步探索在知识追踪可视化的基础上，如何更好地设计和实施教学策略，提高学习者的学科素养和认知水平。

# 第 5 章　基于知识追踪的学习者薄弱知识点挖掘研究

精准挖掘学习者薄弱知识是有效开展个性化学习的关键，而传统学习者薄弱知识点分析方法通常基于教师的经验与主观判断，难以提供精准的诊断性评价。如何有效挖掘学习者的薄弱知识点并提供精准的诊断性评价，已成为当前教学评价领域的重要研究课题。本章聚焦学习者薄弱知识点挖掘问题，提出了基于知识追踪的薄弱知识点挖掘策略，设计融入多维问题难度的自适应知识追踪模型，开展了基于知识追踪的薄弱知识点挖掘应用实践。

## 5.1　学习者薄弱知识点挖掘概述

### 5.1.1　学习者薄弱知识点挖掘研究现状

教学评价是教学过程中的重要环节，依据教学目标对教师的教学工作和学习者的学习效果进行评估。传统的教学评价主要通过学科知识测验来诊断学习者的学习效果，然而这种方式主要局限于成绩的排序，无法全面深入地反映学习者的具体知识掌握情况、认知结构以及薄弱知识点。随着教学评价改革的不断推进，精准诊断学习者的薄弱知识点变得尤为重要。薄弱知识点是指学习者在学习过程中遇到的知识缺陷和认知冲突，这些问题导致学习者对知识点的掌握不牢固，进而影响其答题能力和学习效果。通过深入挖掘学习者薄弱知识点，可以更准确地识别学习者知识短板，从而有针对性地进行知识补充和强化。因此，精准挖掘学习者的薄弱知识点能够促进知识体系的完整构建，对于提高学习者的学习效率和实际应用能力具有重要意义。然而，目前教师在判断学习者的薄弱知识点时，主要依赖学习者的平时表现、课堂互动和考试成绩等主观评估和定性推断。这种方法缺乏科学的数据分析和量化研究支持，无法准确地反映学习者学习的实际情况和薄弱知识点。同时，教师的经验水平和认知偏差也可能影响判断的准确性，从而忽略学习者的个性化需求和异质性特征。

近年来，研究者们开始探索更为科学、系统的学习者薄弱知识点挖掘策略。王亮等（2011）提出了基于知识结构图的学习者薄弱知识点挖掘策略，设定了每个知识点的要求掌握程度，将薄弱知识点定义为没有达到学习要求的知识点集合。李嘉伟等（2018）采用多叉树的形式来表征学科知识结构，利用练习题来诊断学习者的内在知识结构，通过对比两者之间的差异来挖掘学习者的薄弱知识点集合。宋永浩（2018）提出了基于知识状态的学习者关键薄弱知识点挖掘模型，实现对学习者整体学习表现影响最大的关键薄弱知识点集合的挖掘。汪习雅（2019）将认知诊断技术应用于学习者薄弱知识点挖掘，通过认知诊断获得学习者对知识点的掌握程度，从而找到学习者的薄弱知识点。蒲菲等（2019）用 IBM 分析法构建知识图谱，根据学习者的测试数据，标出每个元知识点的通过率，从而挖掘学习者的薄弱知识点集合。刘勤玲等（2019）将知识点薄弱程度定义为学习者对某个知识点的掌握程度，知识点的薄弱程度越高，表明学习者对该知识点的掌握程度越差。王冬青等（2019）依据学习者的答题情况及学科知识图谱来判定学习者对知识点的掌握状态，从而确定学习者的薄弱知识点。然而，当前学习者薄弱知识点挖掘研究，大多未能充分考虑知识点本身的难度以及知识点之间联系。实际教学过程中，知识点难度、习题难度以及知识点之间联系，都与学习者的学习情况紧密相连。当一个知识点异常复杂或抽象时，学习者可能会感到困惑或失去兴趣，进而影响其对知识点的掌握程度；同样，如果习题的难度与知识点的实际难度不匹配，学习者可能会产生误解或偏差。因此，为了更有效地挖掘学习者的薄弱知识点，研究工作需要综合考虑多种因素并采用更科学、系统的方法来进行挖掘和分析，才能更精准地识别学习者的薄弱知识点，进而为他们提供更有针对性的学习支持和资源。

## 5.1.2　学习者薄弱知识点挖掘理论依据

在探索学习者薄弱知识点挖掘的过程中，多种教育理论为其提供了坚实的支撑。其中，最近发展区理论、个性化学习理论和知识空间理论尤为重要。这些理论相互补充、相互支持，共同构成了学习者薄弱知识点挖掘的理论基础。

首先，最近发展区理论由苏联教育心理学家维果斯基提出，强调了个体当前水平与潜在发展水平之间的差距。该理论为学习者薄弱知识点挖掘提供了重要的视角。每位学习者都有两种发展水平：实际发展水平和在教师或他人帮助下可达到的发展水平。这两种水平之间的区域就是最近发展区，也是学习者潜在的发展空间（梁爱民等，2012；谭思源，2022）。在实际教学中，每位学习者的最近发展区的大小不一样，与学习者自身的学习能力以及相关经验有关。有些学习者的学习迁移能力、理解能力以及思维拓展能力都较好，其最近发展区就比其他学习者会更大。通过精准地把握每位学习者的最近发展区，教师可以不断地将学习者的潜在发展水平转化为实际发展水平，从而最大化学习效果。该理论要求学习者薄弱知识点挖掘应聚焦于实际发展水平的薄弱点，才能为学习者提供有针对性的辅导，促进其向更高水平发展。

其次，个性化学习是一种基于学习者的需求和特点，为每位学习者提供最适合的学习方式和教学资源，强调学习者的主动性和自主性的教学方法（谢建等，2020）。在薄弱知识点挖掘中，该理论要求对每位学习者的学习情况进行深入分析，了解其学习特点和知识点掌握程度，为每位学习者构建学习者知识点网络图，将学习者薄弱知识点挖掘定义为挖掘知识点薄弱程度值小于知识点网络图平均薄弱程度值的知识点集合。教师才能为每位学习者制定个性化学习计划，针对性地提供教学资源和支持，以帮助学习者克服困难，提高学习成绩。

最后，知识空间理论由多尼翁（Doignon）和法尔马涅（Falmagne）提出，通过数学方式描述学习者对知识认知理解过程的理论（张暖等，2021）。该理论指出，学习者的答题情况直接反映了学习者对知识点的掌握水平，为学习者薄弱知识点的挖掘提供了有力工具。在学习者薄弱知识点挖掘实践中，通过收集和分析学习者的答题数据，结合知识点的难度信息，能够准确地判断学习者在每个知识点上的掌握状态、揭示知识点之间的内在联系，并计算出薄弱程度。这不仅为教师提供了深入了解学习者学习状况的窗口，更为他们量身定制个性化辅导方案，精确定位并攻克薄弱知识点提供了策略设计的依据。

### 5.1.3  学习者薄弱知识点挖掘实施原则

学习者薄弱知识点挖掘在教学过程中占据关键地位，它是进行诊断性评价的重要环节。通过深入挖掘学习者的薄弱知识点，不仅能够帮助学习者更准确地掌握自身学习情况、明确学习方向并提升学习效率，同时也使教师能够针对学习者的具体需求布置作业，实施个性化干预并调整教学计划。为确保薄弱知识点挖掘策略实用性与有效性，其实施需遵循一定原则。

首先，挖掘的目的须具有明确性。学习者薄弱知识点挖掘的目的在于发现学习者在学习过程中存在的知识盲区和难点，这不仅仅是为了识别学习者的不足之处，更是为了提供有针对性的教学支持和个性化辅导。通过深入分析学习行为和成绩数据，教师可以准确发现学习者的知识盲区和难点，从而制订更加精准的教学计划，避免盲目教学，并确保学习者在遇到挑战时得到及时帮助。

其次，挖掘的实施须具有可行性。这意味着所提出的策略不仅要有理论支撑，还要能在实际环境中有效实施，并达到预期效果，有效地解决学习者对知识点的掌握状态问题。在实施过程中，需考虑具体执行方式、所需资源及成本效益等因素，以确保策略的顺利推进和广泛应用。同时，还需要考虑所提出的策略是否能够为学习者提供精确的诊断性评价，帮助学习者更好地了解自己的学习状况，识别和理解自己的薄弱知识点，进而制订更加有效的学习计划和辅导策略。

再其次，挖掘的结果须具有导向性。这要求挖掘工作以教师和学习者及时了解学习情况、快速对教学实施干预和自我补救学习的实际需求为导向。通过运用学习分析技术，深入了解学习者的学习进度、知识掌握情况和学习行为等信息；通过快速的教学干预，教师及时调整教学策略，为学习者提供更加有效的辅导和资源支持；同时，学习者通过自我补救学习，克服自己的薄弱知识点，提高自己的学习效果和学习成绩。

最后，挖掘须具有反馈及时性。挖掘策略应能迅速提供反馈，帮助教师和学习者及时了解学习状态并采取相应行动。对于教师而言，及时了解学习者状态是调整教学策略和提供有效辅导的基础；对于学习者而言，实时反馈则有助于他们明确学习进度和薄弱环节，从而及时进行自我调整和学习补救。

## 5.2　基于知识追踪的薄弱知识点挖掘策略设计

为了更精准地挖掘出导致学习者做错题目的原因，利用最近发展区理论、个性化学习理论以及知识空间理论的重要思想，本章提出了基于知识追踪的学习者薄弱知识点挖掘策略。该策略整体思路如图 5－1 所示，充分利用学习者与练习题、知识点之间的交互数据，通过知识追踪优化模型获

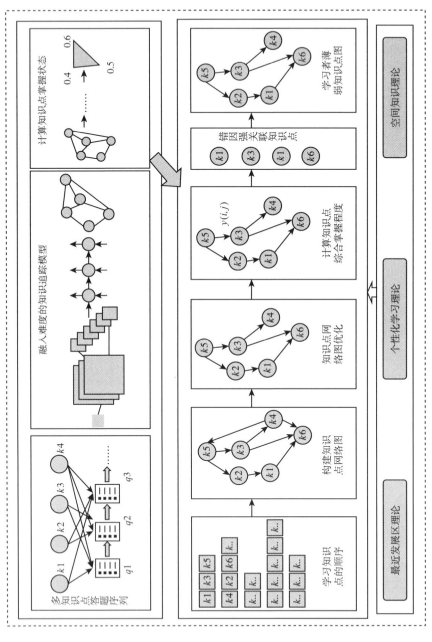

图 5-1 基于知识追踪的学习者薄弱知识点挖掘策略

取学习者知识实时掌握状态，并利用客观的统计分析方法得到单个知识点的难度。在此基础上，该策略通过学习者学习知识点的顺序，构建了一个直观的知识点网络图，充分展示了知识点之间的复杂空间关系。然后，以知识点网络图为基础，综合考虑知识点的固有难度、学习者的掌握程度以及相邻知识点对当前知识点的影响，从而计算出学习者对知识点的综合掌握程度。最后，通过对学习者的错题进行错因深入分析，准确地识别出与错题强关联的知识点，进而挖掘出学习者的薄弱知识点集。

## 5.2.1　知识点网络图构建

知识点网络图表示知识点之间的关系，即知识点与知识点之间的联系，是构成学科知识结构的重要组成部分。任意一门学科知识结构都是由多个相互关联的知识点所组成，以这些知识点作为基本要素，共同支撑着学科的整体框架。知识点可以进一步细分为元知识点和复合知识点，在这些知识点之间，存在着多种类型的关系，包括依附关系和包含关系。依附关系又可以进一步分为父子关系和先导关系，其中父子关系指的是一个知识点作为另一个知识点的子节点，而先导关系则指的是一个知识点作为另一个知识点的前提条件（宋永浩，2018）。

**定义 5 - 1 元知识点**　教学信息中的最小单位被称为元知识点，又可称为单元知识点，这类知识点在结构上具有不可再分解的特性。例如数学中的加法、减法、乘法、除法就是不可再分解的知识点，也就是元知识点。知识点的划分要保证元知识点内容的完整。

**定义 5 - 2 复合知识点**　由两个或两个以上的元知识点组合而成的称为复合知识点，在知识点网络图中除了元知识点就是复合知识点。例如数学中四则运算是由加减乘除四个元知识点组合而成的复合知识点。复合知识点的划分大小可以根据实际的教学需要和知识体系的结构进行灵活调整。

**定义 5 - 3 知识点之间的依附关系**　对于一个有序的知识点对 $<k_m, k_n>$，

其中 $k_m$ 和 $k_n$ 分别表示两个不同的知识点，$K$ 表示为某一具体课程中所有知识点的集合，$k_m \in K$，$k_n \in K$。知识点有序对 $<k_m, k_n>$ 表示在学习知识点 $k_n$ 之前需要先学习知识点 $k_m$，故此称知识点 $k_m$ 和知识点 $k_n$ 之间存在依附关系，且知识点 $k_n$ 依附于知识点 $k_m$。

**定义 5 – 4 知识点之间的包含关系**  对于知识点 $k_m$ 和知识点 $k_n$ 之间的关系表示为 $k_m \subset k_n$，$K$ 表示为某一具体课程中所有知识点的集合，$k_m \in K$，$k_n \in K$。$k_m \subset k_n$ 表示知识点 $k_m$ 是知识点 $k_n$ 的组成部分，故此称知识点 $k_m$ 和知识点 $k_n$ 之间存在包含关系，且知识点 $k_m$ 包含于知识点 $k_n$。

**定义 5 – 5 先导知识点和后继知识点**  对于知识点 $k_m$ 和知识点 $k_n$，$k_m \in K$，$k_n \in K$，若存在知识点有序对 $<k_m, k_n>$，则称知识点 $k_m$ 是知识点 $k_n$ 的先导知识点，知识点 $k_n$ 是知识点 $k_m$ 的后继知识点。

如图 5 – 2 所示，学习者知识点网络图是一种无环有向图，图中每个知识节点表示学习者已经学过的知识点，图中的每条边表示知识点之间的关系。知识点网络图为挖掘学习者薄弱知识点集合提供了有利条件，节点是知识的基本单元，边则是连接这些节点的桥梁，深入分析学习者知识点网络图的结构和特征，可以更准确地识别出学习者的薄弱知识点集合。

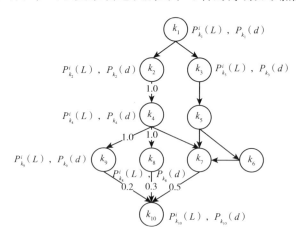

图 5 – 2  学习者 $S_i$ 的知识点网络

**定义 5-6 学习者知识点网络图节点**　学习者知识点网络图节点表示一个知识点，每节点包含两个属性。如图 5-2 所示，学习者 $S_i$ 做过的知识点集合为 $\{k_1, k_2, k_3, k_4, k_5, k_6, k_7, k_8, k_9, k_{10}\}$，每个知识点包含的两个属性分别为：学习者 $S_i$ 对知识点 $k_i$ 的掌握程度 $P_{k_i}^i(L)$、知识点 $k_i$ 的难度系数 $P_{k_i}(d)$，属性值由知识追踪计算得到。

**定义 5-7 学习者知识点网络图边**　学习者知识点网络图边既能表示学习者学习知识点时的学习路径，又能表示知识点之间的依附关系以及先导后继关系。学习者知识点网络图边上的权重能够表示后继知识点对先导知识点的依附程度。如图 5-2 所示，知识点 $k_2$ 和知识点 $k_4$ 存在依附关系，其中知识点 $k_2$ 是知识点 $k_4$ 的先导知识点，知识点 $k_4$ 是知识点 $k_2$ 的后继知识点，并且知识点之间依赖的权重值 $w(a, c) = 1.0$。

**定义 5-8 知识源节点**　在知识点网络图中的每一个节点，只有出度而没有入度的节点被称为知识源节点。如图 5-2 所示，知识点 $k_1$ 是知识源节点。对于任意一门学科的学习，学习者是从知识源节点开始学习的。

**定义 5-9 学习者知识点网络图**　学习者知识点网络图是一个有向无环图 $G$，表示为 $G = (V, E)$，其中，$V$ 表示所有的网络图节点集合，每一个网络节点表示一个知识点；$E$ 表示所有有向边的集合，同时可以表示知识点之间的依附关系。对于每位学习者知识点网络图需满足以下条件：

（1）任意 $v \in V$，存在 $(P_v(d), p_v^i(L))$；

（2）任意 $(u, v) \in E$，存在 $w(u, v) \in (0, 1]$；

（3）学习者知识点网络图中不含有环路；

（4）学习者知识点网络图中至少有一个知识源节点。

**定义 5-10 冗余路径**　假设学习者从知识点 $k_l$ 到知识点 $k_n$ 的学习路径有两条，分别是：$k_l \rightarrow k_n$ 和 $k_l \rightarrow k_m \rightarrow k_n$，学习路径的长度分别为 1 和 2。其中，$k_l \rightarrow k_n$ 被称为直接学习路径，$k_l \rightarrow k_m \rightarrow k_n$ 被称为间接学习路径，称 $k_m \rightarrow k_n$ 为冗余学习路径。如图 5-2 所示，学习者 $S_i$ 学习知识点 $k_7$ 的路径可以是 $k_5 \rightarrow k_7$，也可以是 $k_5 \rightarrow k_6 \rightarrow k_7$。本章将路径 $k_6 \rightarrow k_7$ 定义为冗余路径，该路径

会降低学习者的学习效率。因此，为了使学习者薄弱知识点挖掘更加有效，需要消除学习者网络图中的冗余路径。

学习者的知识点网络图代表着学习者对知识点理解的内在逻辑。为了更好地挖掘出学习者的薄弱知识点，邀请了多位专家、教师对学习者学习知识点的顺序进行建模，同时依据上述定义及每位学习者做题过程序列，遵循学习者从易到难的认知规律，通过去冗余、去回路等操作，最终形成学习者知识点网络图。图 5－3 是构建知识点网络图过程的实例化描述。

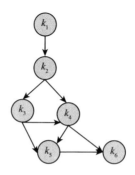

图 5－3　构建知识点网络图过程的实例化描述

## 5.2.2　知识点综合掌握程度值计算

在挖掘学习者错题归因的过程中，需要对影响知识点掌握程度的多种因素进行深入的研究。知识点本身的难度直接决定了学习者在掌握该知识点时所面临的挑战程度；学习者对知识点的掌握程度反映了学习者对该知识点的理解和运用水平；知识点之间的相互作用也会对学习者的知识体系产生积极的或消极的影响。

定义 5－11 知识点综合掌握程度　对任意一个学习者 $S_i$，给定该学习者的知识点网络图 $G_i = (V, E)$，$\forall u \in V$，节点 $u$ 包含两个属性 $P^i_{k_i}(L)$ 和 $P_{k_i}(d)$，其中 $P^i_{k_i}(L)$ 表示学习者 $S_i$ 对知识点 $k_i$ 的掌握程度，$P_{k_i}(d)$ 表示知

识点 $k_i$ 的难度系数。$I_{ij}$ 表示知识节点在知识点网络图中的入度，$O_{ij}$ 表示知识节点在知识点网络图中的出度，$EE$ 表示所有上位知识点对当前知识点的影响，$EP$ 表示所有下位知识点对当前知识点的影响。学习者知识点综合掌握程度计算函数如式（5 - 1）所示：

$$y(i,j) = \alpha \cdot \left[ P_{k_i}^i(L) \cdot P_{k_i}(d) \right] + \beta \cdot EP + (1 - \alpha - \beta) \cdot EE$$

$$(5 - 1)$$

学习者知识点掌握程度函数包含两部分的相关特征：知识点的相关特征和学习者知识点网络图结构相关特征，具体分析如下。

### 5.2.2.1　知识点的相关特征

$P_{k_i}^i(L) \cdot P_{k_i}(d)$ 表示学习者对知识点的掌握程度和知识点固有难度的乘积，学习者对知识点的掌握程度和知识点固有难度的乘积越小，说明该知识点越薄弱。当知识点难度相同时，学习者对知识点的掌握程度越低，表示该知识点越薄弱；当学习者对不同知识点的掌握程度相同时，知识点固有的难度系数越低，表示该知识点越薄弱。如图 5 - 4 所示，对于学习者知识点网络图中的知识点 $k_2$ 和 $k_3$，学习者 $S_i$ 对知识点 $k_2$ 的掌握程度为 $P_{k_2}^i(L) = 0.4$，知识点的难度系数 $P_{k_2}(d) = 0.4$，学习者 $S_i$ 对 $k_2$ 知识点薄弱程度为 $P_{k_2}^i(L) \times P_{k_2}(d) = 0.16$。学习者 $S_i$ 对知识点 $k_3$ 的掌握程度为 $P_{k_3}^i(L) = 0.8$，知识点的难度系数 $P_{k_3}(d) = 0.9$，学习者 $S_i$ 对 $k_2$ 知识点薄弱程度为 $P_{k_3}^i(L) \times P_{k_3}(d) = 0.72$。

### 5.2.2.2　学习者知识点网络图结构相关特征

由于知识点之间的相互影响使知识点之间存在先导后继关系，知识节点在知识点网络图中的入度越大说明知识点网络图中有较多的先导知识点为该知识点做铺垫，知识节点在学习者知识点网络图中的出度越大说明该知识点对其他知识点的影响越大，因此知识节点在知识点网络图中的入度

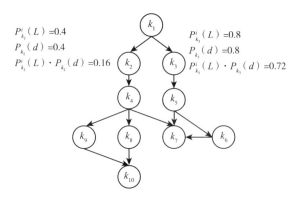

**图 5－4　知识点掌握程度及知识点难度系数与知识点薄弱程度关系**

和出度越大说明知识点之间的相互影响越大。如图 5－5 所示，知识点 $k_4$ 和知识点 $k_5$ 在学习者 $S_i$ 的知识点网络图中的出度分别是 $O_{ik_4}=3$ 和 $O_{ik_5}=2$，知识点 $k_7$ 在学习者 $S_i$ 的知识点网络图中的入度是 $I_{ik_7}=3$。

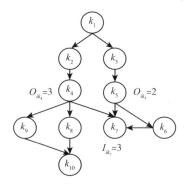

**图 5－5　知识点入度及出度与知识点薄弱程度关系**

完成以上对学习者知识点薄弱程度定义和描述后，便可计算每位学习者知识点网络图中所有知识节点的薄弱程度值。

### 5.2.3　错因强关联知识点与薄弱知识点层级

学习者在答错一道多知识点的题目时，这些知识点对学习者答错题目的影响不同，找出对答错当前题目最具影响力的知识点是顺利求解当前错

题的关键，与此同时找出学习者的薄弱知识点对学习者的阶段性学习也有
很大的帮助。

**定义 5 – 12 错因强关联知识点**　给定学习者 $S_i$ 的知识点网络图 $G_i$，以
及网络图 $G_i$ 上知识点综合掌握程度值，对学习者每个错题中包含的知识点
综合掌握程度值进行排序，将值最小的知识点定义为错因强关联知识点。
错因强关联知识点代表的是学习者在作答当前题目时，对学习者答错当前
题目影响最大的知识点。

**定义 5 – 13 学习者薄弱知识点层级**　对学习者 $S_i$ 的所有错因强关联知
识点进行聚合，统计不同错因强关联知识点的频数，将出现频数大于等于 2
的错因强关联知识点定义为一级薄弱知识点，出现频数等于 1 的错因强关联
知识点定义为二级薄弱知识点。

## 5.3　融入多维问题难度的自适应知识追踪模型

### 5.3.1　知识追踪模型框架设计

目前绝大部分知识追踪模型忽略了问题难度与学习者知识状态之间的
关系。已有相关研究证明这两者之间存在密切的关联。克劳珀等（Knäuper
et al.，1997）发现知识能力高的学习者比知识能力低的学习者更能在回答
难题时给出准确的答案。此外，知识状态较好的学习者受问题难度波动的
影响较小。洛马斯等（Lomas et al.，2013）指出，简单的问题可以带来更
多的投入，但会减慢学习速度，而更具挑战性的问题可能会导致更快的学
习。贝克等（Beck et al.，1997）也指出，问题越难，解决问题所需的知识
点就越多。因此，问题难度对学习者的学习有显著影响，学习者对不同问
题难度等级题目的回答直接反映了学习者的知识状态。上述发现为进一步
优化知识追踪模型提供了新的方向。

已有部分知识追踪模型尝试探索问题难度属性对知识追踪性能的影响。例如，EKT（exercise-aware knowledge tracing）模型和RKT（relation-aware self-attention for knowledge tracing）模型通过分析问题的文本内容隐式评估难度（Liu et al.，2019；Pandey et al.，2020）；而AKT（context-aware attentive knowledge tracing）模型引入基于项目反应理论（item response theory，IRT），以丰富问题的难度表征（Ghosh et al.，2020）；同时，MF－DAKT（multi-factors aware dual-attentional knowledge tracing）模型利用难度等级作为外部信息来优化问题表示（Zhang et al.，2021）。这些方法都是利用隐式问题难度来提高问题表征。然而，DIMKT（difficulty matching knowledge tracing）模型和深度知识画像（deep knowledge portrait，DKP）模型虽显式地引入问题难度和概念难度作为嵌入特征，但也存在问题难度属性嵌入不全、问题难度表示不足以及问题难度提取方式单一等问题（Shen et al.，2022；王士进等，2023）。

本章针对现有知识追踪模型在问题难度属性表征方面的不足，提出了融入多维问题难度的自适应学习知识追踪模型（multi-dimensional knowledge tracing，MDKT模型），如图5－6所示，其结构主要由三个模块构成：增强练习难度交互表征模块（EIARN）、自适应学习模块（ALM）以及知识状态序列预测模块（FUTPM）。在EIARN模块中，模型融合了特定问题难度（QS）、知识概念难度（KS）、问题认知难度（CS）、题目语义难度（US）以及知识点概念（KC）嵌入，形成一个全面的问题表征向量，有效捕捉了问题的多维难度属性；ALM模块则通过问题困难感计算层、个性化知识能力学习层和知识状态更新层的协同作用，深入刻画了学习者的内部心理学习过程；FUTPM模块则利用学习者在当前问题上的隐藏状态与下一个问题的深度交互来预测其未来表现。MDKT模型充分挖掘题目所包含的问题难度属性，真实地模拟学习者与问题之间的交互，并利用多维问题难度和自适应学习理论有效地预测学习者的未来表现。预测方式充分考虑了学习者的个性化特点和问题的难度特点，为实现精准的知识追踪提供了有力支持。

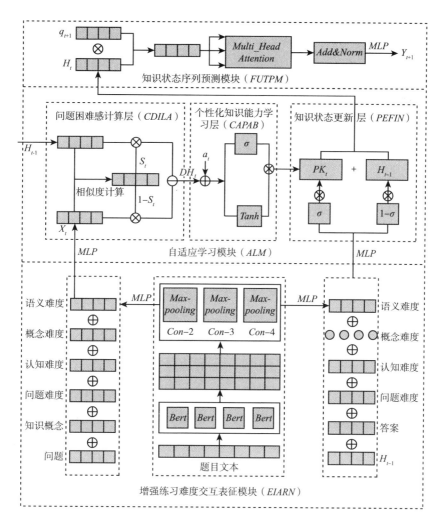

图 5 – 6　融入多维问题难度的自适应学习知识追踪模型框架

## 5.3.2　增强练习难度交互表征模块

本章将问题难度细分为四个主要层次：特定问题难度（QS）、知识概念难度（KS）、问题认知难度（CS）、题目语义难度（US）。具体定义如下：特定问题难度（QS）主要指的是每个问题因其独特性而产生的难度；知识概念难度（KS）则侧重于问题中涉及的知识概念本身的难度；问题认知难度（CS）是基于布鲁姆的认知领域教育目标分类理论来定义的，将认知过程分为六个层次：记忆、理解、应用、分析、评价、创新（Krathwohl，2002）。例如，"为什么会电路短路"比"什么是电路短路"更难，前者是分析维度，后者是记忆维度。题目语义难度（US）主要关注语言表达对问题难度的影响，也就是，即使考察同一个问题、同一概念，由于语言表达不同所引起的难度。

参考已有文献相关研究工作（Zhang et al.，2021；Huang et al.，2017），使用客观的统计方法来计算特定问题难度（QS）和知识概念难度（KS）。具体计算如式（5-2）、式（5-3）所示：

$$QS = \sum_i^{|S_i|} \frac{\{aij == 0\}}{|S_i|} . Cqs \qquad (5-2)$$

$$KS = \frac{\sum_i^{|S_i|} \sum_j^{|Q_j|} \{aijm == 0\}}{\sum_i \{\varepsilon_i\} . |S_i|} . Cks \qquad (5-3)$$

式（5-2）和式（5-3）中，$S_i$ 表示回答练习题 $q_t$ 的学习者集合，$Q_j$ 是所有练习题 $q_t$ 的集合，其中每一个练习题 $q_t$ 包含若干个知识点 $k_m$，$aij == 0$ 表示的是学习者 $S_i$ 对特定问题 $q_t$ 回答错误，$aijm == 0$ 表示的是学习者 $S_i$ 对练习题 $q_j$ 中的特定概念 $k_m$ 回答错误，$\varepsilon_i$ 表示的是学习者 $S_i$ 作答的所有题目中包含知识点 $k_m$ 的总个数，其中常数项 $Cqs$ 和 $Cks$ 分别表示预定义的练习题的具体问题难度等级和知识点概念难度等级。

认知难度界定是基于题目与布鲁姆认知思维目标层次的对应关系。针对一个问题 $q_t$ 中可能蕴含多个认知思维目标，基于布鲁姆理论的层级递进性，即高层次的思维活动是建立在低层次思维活动充分理解和掌握的基础之上，选择其中最高的目标层次来代表问题 $q_t$ 的认知难度。认知难度编码如表5-1所示。

**表 5 - 1**　　　　　　　　　　　　**认知难度的编码**

| 认知思维目标 | 认知难度编码 |
| --- | --- |
| 记忆 | 1 |
| 理解 | 2 |
| 应用 | 3 |
| 分析 | 4 |
| 评价 | 5 |
| 综合 | 6 |

　　题目语义难度获取首先会经过题目分词处理，每个词被编码为对应的词向量。接着整合位置向量、字符向量和分段向量输入 BERT - WWM 预训练模型中。输出题目文本语义表征向量 $QE \in R^{z \times dc}$，其中 $z$ 代表预先设定的问题题目的最大长度。尽管题目文本语义表征向量 $QE$ 中每一行能够代表题目中单个词的词向量，但单个词向量通常无法全面表达题目文本的整体语义。为了捕捉更丰富的上下文信息，会进一步对词向量进行卷积操作。通过使用不同大小的卷积核，能够提取出长度不一的邻近词特征向量。较短的卷积核有助于捕捉局部邻近词之间的关系，而较长的卷积核则能够覆盖更广泛的词汇联系。这些特征向量融合了邻近词的信息，因此比单个词向量包含更多的语义内容。卷积操作的具体流程如图 5 - 7 所示。

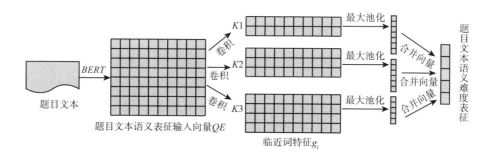

**图 5 - 7　题目语义难度提取过程**

　　采用卷积核 $K$ 来对题目文本语义表征向量 $QE \in R^{z \times dc}$ 进行卷积操作，$K \in R^{h \times dc}$，其中 $h$ 表示卷积核的宽度，$dc$ 为输入向量的维数，卷积操作的计算如式（5 - 4）所示。

$$g_i = tanh( < QE.K > + b_0 ) \qquad (5-4)$$

其中，$< . >$ 表示的是卷积操作，$g_i$ 为卷积之后的邻近词特征，其中 $i \in \{1,2,3,\cdots,z-h+1\}$，卷积之后进行最大池化，如式（5-5）所示。

$$us_i = \max(g_i) \qquad (5-5)$$

其中 $us_i \in R$。本章采用三种不同尺寸的卷积核，数量共为 $d$ 个，分别为 $K1 \in R^{h1 \times d1}$、$K2 \in R^{h2 \times d1}$、$K3 \in R^{h3 \times d1}$。经过卷积层和池化层后，得到 $d$ 个不同的输出 $us_1, us_2, \cdots, us_d$。将这些输出进行拼接，得到融合不同长度的邻近词的题目文本语义难度表征向量 $us_t^e = [us_1, us_2, \cdots, us_d]$，$us_t^e \in R^d$。

随机初始化矩阵 $Q \in R^{Cq \times d}$ 和 $KC \in R^{Ckc \times d}$ 分别对问题和问题所包含的概念进行表示，得到 $q_j^e$ 和 $kc_j^e$。对于每一个问题，选取其所包含的前六个概念作为问题的概念表示，如果概念数量不足六个，则进行特殊填充。因此，一个问题所包含的概念可以表示为 $kc_j^e 1$、$kc_j^e 2$、$kc_j^e 3$、$kc_j^e 4$、$kc_j^e 5$、$kc_j^e 6$。然后，随机初始化嵌入矩阵 $QS \in R^{Cqs \times d}$ 和 $KS \in R^{Cks \times d}$ 对题目难度和概念难度进行表示，得到 $qs_j^e$ 和 $ks_j^e$；同时，随机化嵌入矩阵 $CS \in R^{6 \times d}$ 和 $AT \in R^{2 \times d}$ 对认知难度和作答结果 $\{0,1\}$ 进行表示，得到 $cs_j^e$ 和 $at_j^e$。将问题难度、概念难度、认知难度、语义难度进行拼接，得到综合问题难度表示 $DQC_t^e$，具体计算如式（5-6）所示。

$$DQC_t^e = qs_t^e \oplus ks_t^e \oplus cs_t^e \oplus us_t^e \qquad (5-6)$$

然后，将问题、知识概念、综合问题难度、答案进行拼接后输入多层感知机（MLP），获得 $t$ 时刻的增强练习难度表征向量 $x_t$，具体计算如式（5-7）所示。

$$x_t = W_1^T [ q_t^e \oplus kc_t^e 1 \oplus kc_t^e 2 \oplus kc_t^e 3 \oplus kc_t^e 4 \oplus kc_t^e 5 \oplus kc_t^e 6 \oplus DQC_t^e ] + b1$$
$$(5-7)$$

其中，$W_1^T \in R^{11d \times d}$ 是 MLP 的权重矩阵，$b1 \in R^d$ 是对应的偏置项。

### 5.3.3　自适应学习模块

该模块设计遵循了自适应学习思想，主要包括问题困难感计算层（CDILA）、个性化知识能力学习层（CAPAB）、知识状态更新层（PEFIN）。首先，问题困难感计算层通过评估学习者的已有知识掌握状态和问题难度之间的差距，计算出问题的困难感，以便为学习者提供适合其水平的学习内容。其次，个性化知识能力学习层根据每位学习者的学习能力和需求，提供个性化的知识获取方式和资源，以满足不同学习者的学习需求。最后，知识状态更新层在学习者获取知识后，及时更新其知识掌握状态，以便为后续的学习提供准确的反馈和指导。

问题困难感计算层的增强练习难度 $x_t$ 综合反映了问题的难度以及解决该问题所需的知识能力水平。学习者在解决这道问题时的知识隐藏状态 $h_{t-1}$ 则代表着他们解决问题能力的高低。为了计算学习者的问题困难感，引入式（5-8）和式（5-9）。

$$S_t = \frac{h_{t-1} \times x_t}{|h_{t-1}| \times |x_t|} \qquad (5-8)$$

$$SD_t = x_t \cdot (1 - S_t) - h_{t-1} \cdot S_t \qquad (5-9)$$

$S_t$ 计算增强练习难度 $x_t$ 与学习者隐藏状态 $h_{t-1}$ 的契合度，它表示解决问题所需的能力和已有解决问题能力之间的适配度。$SD_t$ 计算问题困难感与自信感的差值，得到学习者面对问题时的整体困难感。$x_t \cdot (1 - S_t)$ 是问题难度和解决问题能力未适配度之间的乘积，即解决问题困难感；$h_{t-1} \cdot S_t$ 是隐藏状态和解决问题能力适配度之间的乘积，即解决问题的自信感。

由于学习能力因人而异，知识学习的多少不仅与问题困难感相关，还受到其他因素影响。个性化知识能力学习层设计了个性化知识学习量的计算方法。具体计算如式（5-10）~式（5-12）所示。

$$U_t^{pkt} = Tanh(W_2^T(SD_t \oplus at_j^e) + b2) \tag{5-10}$$

$$I_t^{pkt} = Sigmoid(W_3^T(SDt \oplus at_j^e) + b3) \tag{5-11}$$

$$PK_t = U_t^{pkt} \cdot I_t^{pkt} \tag{5-12}$$

式（5-10）~式（5-12）中，Tanh 和 Sigmoid 分别表示 Tanh 非线性激活函数和 Sigmoid 激活函数。$W_2^T$、$W_3^T \in R^{2d \times d}$ 是 MLP 的权重矩阵，$b2$、$b3 \in R^d$ 是对应的偏置项。$U_t^{pkt}$ 代表知识能力学习的直接输出，反映了知识学习的总量。而 $I_t^{pkt}$ 则设计为一个门控机制，用于有选择性地保存 $U_t^{pkt}$ 中的信息，从而得到学习者的个性化知识能力学习量 $PK_t$。

经过个性化知识能力学习层之后，为了更加客观地反映学习知识状态的变化，考虑影响知识状态更新的因素：学习者前一时刻的知识隐藏状态 $h_{t-1}$、当前时刻作出的回答 $at_j^e$、问题的难度 $qs_t^e$ 以及其他相关因素等。设计权重因子 $I_t^{KSU}$，用于衡量当前时刻个性化知识能力学习量和当前时刻学习者隐藏状态对下一时刻学习隐藏状态的影响效果。知识状态更新计算如式（5-13）和式（5-14）所示。

$$I_t^{KSU} = Sigmoid(W_4^T(h_{t-1} \oplus at_j^e \oplus qs_t^e \oplus ks_t^e \oplus cs_t^e \oplus us_t^e) + b4)$$
$$\tag{5-13}$$

$$h_t = PK_t \cdot I_t^{KSU} + h_{t-1} \cdot (1 - I_t^{KSU}) \tag{5-14}$$

式（5-13）和式（5-14）中，$W_4^T \in R^{6d \times d}$ 是 MLP 的权重矩阵，$b4 \in R^d$ 是对应的偏置项。通过计算出当前时刻个性化知识能力学习量对下一时刻学习隐藏状态的权重因子 $I_t^{KSU}$，继而就可以得到下一时刻学习者的隐藏状态 $h_{t+1}$。

### 5.3.4　知识状态序列预测模块

学习者在回答问题过程中，其实质是学习者的隐藏状态与问题之间的深层交互。为了刻画这种交互过程，本书引入学习者的预测状态，并基于此来预测学习者的表现，并对预测状态的不同部分给予不同的关注度，特别是与当前问题紧密相关的部分更应受到重视。因此，在知识状态序列预测模块中，设计了一个多头注意力数据统一化层，重点关注学习者预测状态中的关键信息，更加精准地预测学习者在解决问题过程中的表现，从而有效提高预测的准确性。

首先，通过计算学习者在时间步 $t$ 的隐藏状态 $h_t$，预测学习者在时间步 $t+1$ 的表现。在 MDKT 模型中，利用时间步为 $t$ 的隐藏状态 $h_t$ 与时间步为 $t+1$ 的问题 $q_{t+1}$ 做内积来模拟学习者做题的过程，得到预测状态 $pre_{t+1}$，具体计算如式（5-15）所示。

$$pre_{t+1} = h_t \times q_{t+1} \tag{5-15}$$

式（5-15）中 × 表示内积。为了更细致地处理预测状态中的信息，将向量预测状态 $pre_t$ 拆分为 $n$ 个等长度的部分，如式（5-16）所示。

$$pre_{t+1} = \left[ pre_{t+1}1, pre_{t+1}2, \cdots, pre_{t+1}j, \cdots, pre_{t+1}n \right] \tag{5-16}$$

然后，对每个子预测状态 $pre_{t+1}j$ 进行自注意力计算，包括计算查询 $Q_j$ 矩阵、键 $k_j$ 矩阵和值 $V_j$ 矩阵等操作，最后得到新的子预测状态 $pre_{att+1}j$，具体如式（5-17）~式（5-20）所示。

$$Q_j = W_5^T \cdot pre_{t+1}j + b5 \tag{5-17}$$

$$k_j = W_6^T \cdot pre_{t+1}j + b6 \tag{5-18}$$

$$V_j = W_7^T \cdot pre_{t+1}j + b7 \tag{5-19}$$

$$pre_{att+1}j = \frac{Sigmoid(Q_j \cdot k_j)}{\sqrt{d}} \cdot V_j \tag{5-20}$$

其中，$W_5^T$、$W_6^T$、$W_7^T \in R^{d1 \times d1}$，$d1$ 的大小为 $\frac{d}{n}$，$b5$、$b6$、$b7 \in R^{d1}$ 是对应的偏置。将得到的 $n$ 个子预测状态进行聚合，得到新预测状态 $pre_{att+1} \in R^d$，具体如式（5-21）所示。

$$pre_{att+1} = pre_{att+1}1 \oplus pre_{att+1}2 \oplus \cdots \oplus pre_{att+1}j \oplus \cdots pre_{att+1}n \tag{5-21}$$

最后，将新的预测状态输入多层感知机（MLP）中计算学习者的具体表现，如式（5-22）所示。

$$r_{t+1} = W_8^T \cdot pre_{att+1} + b8 \qquad (5-22)$$

其中，$W_8^T \in R^{d \times 2}$ 是一个权重矩阵，$b8 \in R^2$。在知识状态序列预测模块中，通过设计一个中间状态来刻画学习者当前时刻知识状态和下一个问题的交互过程，并对预测状态中关注的信息赋予了注意力，模型可以输出问题的预测结果，并增强输出的可解释性。

在 MDKT 模型训练期间，通过最小化预测值 $r_{t+1}$ 和实际答案 $a_{t+1}$ 之间的标准交叉熵损失，来优化模型中的所有参数和向量。作为目标函数。使用 Adam 优化器对小批量样本进行损失最小化。损失函数 loss 计算如式（5-23）所示。

$$loss = \sum_{t=1}^{T} (a_{t+1} \log r_{t+1} + (1 - a_{t+1}) \log(1 - r_{t+1})) \qquad (5-23)$$

## 5.3.5　模型性能分析实验

### 5.3.5.1　实验数据集

为了验证 MDKT 模型的有效性，以浙江省 6 个地区的学习者为实验对象，共涉及 11 所学校 29 个班级，总计 1120 名学习者参与测验，采用试卷形式，经过严格筛选，剔除了空白等无效试卷，确保了数据的质量和有效性，数据集被试对象等具体信息可参阅第 4 章相关内容。数据集包含 2 个子集项目 2 和项目 3。项目 2 子集共收回 1120 份有效试卷，而项目 3 子集则收回了 983 份有效试卷。数据集包括学习者的作答情况、题目所包含的知识点、题目文本、题目对应的认知维度等重要信息。在录入数据时，作答正确记为"1"，作答错误记为"0"。对于题目所包含的知识点、题目所对应的认知难度都是邀请学科教师、专家进行评定。数据集的具体概览如表 5-2 所示，详细展示了数据集的各个部分和特征。

表 5-2　　　　　　　　　　　　　　数据集概况

| 数据集 | 学习者（名） | 练习题（道） | 练习作答交互（次） |
|---|---|---|---|
| 项目 2 | 1120 | 30 | 33600 |
| 项目 3 | 983 | 30 | 29490 |

### 5.3.5.2　实验设置和参数设置

实验使用的硬件配置为 Intel i9-13900KF 处理器，24 核 32 线程，32GB 内存，NVIDIA4090 显卡，24BG 显存。软件环境方面，实验采用 PyTorch 深度学习框架，使用 python 3.7.16 版本进行编程。模型训练过程中，采用 Adam 优化器进行优化，对所有模型参数使用相同的学习率 0.003，训练批次大小设置为 64。问题难度参数 Cqs 与 Cks 设置为 100，BERT 最大字数设置为 40（与实验数据集中题目平均字数相匹配）。对于 MDKT 模型，嵌入矩阵、知识状态序列更新模块和多头注意力机制中的隐藏层维度 d 均设置为 128，多头注意力机制的头数为 2。在数据集的划分上，随机选取 70% 的序列作为训练验证集，剩余的 30% 作为测试集。对于训练验证集，采用五折交叉验证方法进行模型的训练和验证：在每次折叠中，使用 80% 的序列进行训练，剩余的 20% 用于验证。所有超参数均在训练集上进行调整，并选择验证集上表现最好的模型用于评估测试集的性能。

### 5.3.5.3　实验结果对比

为了评估 MDKT 模型的有效性，将其与多个基线模型进行对比。所有模型均在配备 NVIDIA RTX 4090 GPU 的 Linux 服务器集群中进行训练，以确保比较的公平性和性能的最优化。以下是各基线模型的详细信息。

DKT 模型（Yeung et al.，2018）：该模型利用 RNN、GRU、LSTM 等技术来评估学习者的知识状态。在本书的对比实验中，采用 LSTM 技术来实现 DKT 模型。

"DKT +" 模型（杨桃丽等，2022）：解决了 DKT 模型在跨时间预测性能不一致的问题，同时重构了观察到的输入。此外，在损失函数计算时增加了两个正则项，使学习者的知识掌握状态逐渐增加。

DKVMN 模型（宋刚等，2022）：基于动态记忆网络的知识追踪模型，定义了键矩阵和值矩阵分别存储潜在的知识概念和学习者的学习状态。通过提供读写操作，该模型能够灵活地捕捉学习者的知识状态随时间的变化。

SAKT 模型（Lecun et al.，2015）：该模型受 Transformer 模型在机器翻译和文本生成等任务上成功应用的启发，构建基于 Transformer 的知识追踪模型，利用自注意力机制捕捉学习者行为序列中的长依赖关系。

EKT 模型（Liu et al.，2019）：该模型将练习题的文本内容嵌入知识追踪模型，使用记忆网络来量化每个练习题在练习过程中对学习者知识点掌握程度的影响，并在预测学习者成绩时采用注意力机制进一步提升模型的预测效果。

本书通过比较不同知识追踪模型在预测学习者未来表现方面的性能，发现 MDKT 模型在两个子数据集上的 AUC 值、ACC 值和 RMSE 值均显著优于其他五个基线模型（具体数值见表 5-3）。这一结果表明，引入问题难度对 MDKT 模型至关重要，且其自适应学习模块中的问题困难感计算层（CDILA）、个性化知识能力学习层（CAPAB）和知识状态更新层（PEFIN）成功捕捉学习者知识掌握状态与问题难度属性之间的关系。因此，MDKT 模型在预测性能上表现出优越性。

表 5-3 各模型在 2 个子数据集上的性能对比

| 数据集 | 评价指标 | DKT | DKT + | DKVMN | SAKT | EKT | MDKT |
|---|---|---|---|---|---|---|---|
| 项目 2 | AUC | 0.7056 | 0.7211 | 0.7343 | 0.7328 | 0.7728 | 0.8312 |
| | ACC | 0.7012 | 0.7123 | 0.7256 | 0.7236 | 0.7536 | 0.8127 |
| | RMSE | 0.4227 | 0.4291 | 0.4226 | 0.4270 | 0.4123 | 0.4023 |
| 项目 3 | AUC | 0.7223 | 0.7322 | 0.7468 | 0.7638 | 0.7729 | 0.8289 |
| | ACC | 0.7125 | 0.7032 | 0.7365 | 0.7427 | 0.7583 | 0.8027 |
| | RMSE | 0.4212 | 0.4303 | 0.4234 | 0.4231 | 0.4162 | 0.4089 |

此外，与未考虑问题难度属性的知识追踪模型（如 BKT、DKT、DKVMN、SAKT）相比，利用问题难度属性来增强问题嵌入的知识追踪模型（如 EKT、MDKT）展现出更好的性能。这是因为利用问题难度属性增强的问题嵌入与学习者知识状态之间交互更具针对性，从而提高了模型的预测准确性。这也进一步强调了考虑问题难度属性在知识追踪模型中的重要性。与仅利用练习题隐式难度来增强问题嵌入的知识追踪模型 EKT 相比，MDKT 模型采用隐式与显式相结合的方式嵌入问题难度属性。这种方式不仅考虑了问题的表面难度特征，还深入挖掘了与学习者知识状态相关的多层难度信息。因此，MDKT 模型在性能上表现出更大的优越性。这也凸显了 MDKT 模型在问题难度属性嵌入方式上的创新性和实用性。

### 5.3.5.4　消融实验结果

为了进一步验证 MDKT 模型中各模块的有效性，本书在两个子数据集上对 MDKT 模型进行了消融实验。消融实验的目的在于通过移除或替换模型中的某些组件，观察模型性能的变化，从而评估这些组件对模型性能的贡献。实验中共选择了五种 MDKT 变体模型，每种变体模型都是在原有 MDKT 模型的基础上删除一种结构组件或者用较为简单的组件替换。具体情况如下：

（1）MDKT w/o DQC，在 MDKT 模型中不考虑问题难度的影响。

（2）MDKT w/o CDILA，用 $x_t - h_t$ 替换原来的知识能力学习层。

（3）MDKT w/o CAPAB，在 MDKT 模型中不考虑个性化知识能力学习层。

（4）MDKT w/o PEFIN，在 MDKT 模型中不考虑知识状态更新层。

（5）MDKT w/o ATT，在 MDKT 模型中不考虑注意力池化层。

图 5-8 展示了这些变体模型在两个子数据集上的性能对比结果。从图中可以看出，不考虑注意力池化层时，MDKT 模型性能下降最为显著，ACC 平均下降 8.79%、AUC 平均下降 8.45%、RMSE 平均上升 2.61%。这是因为多头注意力机制能够使 MDKT 模型聚焦于当前问题解决相关的预测状态

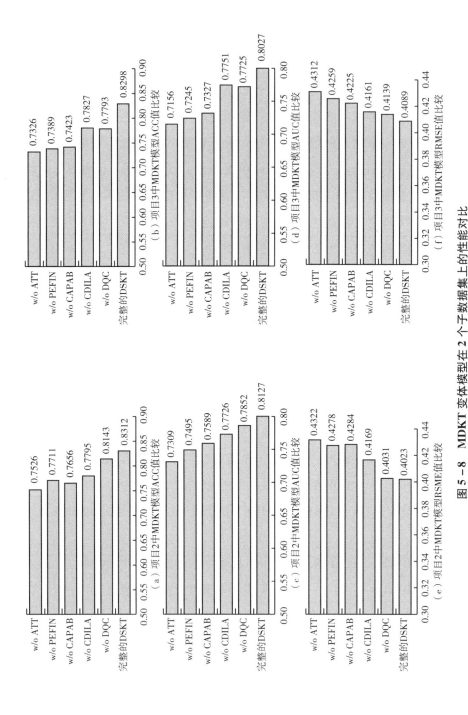

图 5-8 MDKT 变体模型在 2 个子数据集上的性能对比

部分，若缺少该机制，模型将无差别地关注预测状态，导致性能下降。此外，不考虑问题难度时，MDKT 模型性能也受到较大影响，ACC 平均下降 3.37%、AUC 平均下降 2.89%、RMSE 平均上升 0.29%。这说明在构建模型时考虑问题难度的重要性。当移除知识状态序列更新模块的各个部分时，MDKT 模型性能均出现下降。这是因为这些部分共同构成了学习者自适应学习的过程展示，缺少任何一个结构组件都将影响模型的完整性。

## 5.4　基于知识追踪的薄弱知识点挖掘应用实践

将融入多维问题难度的自适应学习知识追踪模型 MDKT 与知识点网络图相结合，构建了基于知识追踪的学习者薄弱知识点挖掘应用原型。首先，通过 MDKT 模型获取学习者对题目回答情况以及题目所涵盖的知识点，进而推断出学习者对每个知识点概念的掌握程度。其次，考虑知识点之间的空间关系以及知识点本身的难度，包括上位知识点对当前知识点的影响以及当前知识点对下位知识点的影响。最后，综合这些因素得出学习者对每个知识点的综合掌握程度。以项目 2 子数据集中的测试集数据 S12 学习者为例，其真实作答、模型预测答题以及多知识点掌握状态情况如表 5 -4 所示。

表 5 -4　　　　　　　　学习者 S12 真实作答以及模型预测情况

| 题目 | 真实作答 | 预测答题 | 多知识点掌握状态 |
| --- | --- | --- | --- |
| 1 | 1 | / | / |
| 2 | 1 | 1 | 0.61 |
| 3 | 1 | 1 | 0.69 |
| 4 | 0 | 0 | 0.16 |
| 5 | 0 | 0 | 0.36 |
| 6 | 1 | 1 | 0.63 |
| 7 | 1 | 1 | 0.67 |
| 8 | 0 | 1 | 0.63 |

续表

| 题目 | 真实作答 | 预测答题 | 多知识点掌握状态 |
|---|---|---|---|
| 9 | 0 | 0 | 0.21 |
| 10 | 0 | 0 | 0.26 |
| 11 | 0 | 0 | 0.22 |
| 12 | 0 | 0 | 0.40 |
| 13 | 0 | 0 | 0.16 |
| 14 | 0 | 0 | 0.30 |
| 15 | 0 | 1 | 0.54 |
| 16 | 0 | 0 | 0.48 |
| 17 | 0 | 0 | 0.43 |
| 18 | 0 | 1 | 0.62 |
| 19 | 0 | 0 | 0.21 |
| 20 | 1 | 1 | 0.87 |
| 21 | 1 | 1 | 0.69 |
| 22 | 0 | 1 | 0.64 |
| 23 | 0 | 0 | 0.25 |
| 24 | 0 | 0 | 0.15 |
| 25 | 1 | 1 | 0.67 |
| 26 | 0 | 0 | 0.21 |
| 27 | 1 | 1 | 0.65 |
| 28 | 0 | 1 | 0.57 |
| 29 | 0 | 1 | 0.66 |
| 30 | 1 | 1 | 0.63 |

## 5.4.1 知识点网络图构建应用实践

本章将学习者知识点网络图构建方法应用于 4.3.2 小节中的"项目 2 安装与测试电阻器电路"实践中,该教学内容共有 36 个二级知识点,构建学习者知识点网络图如图 5 - 9 所示。

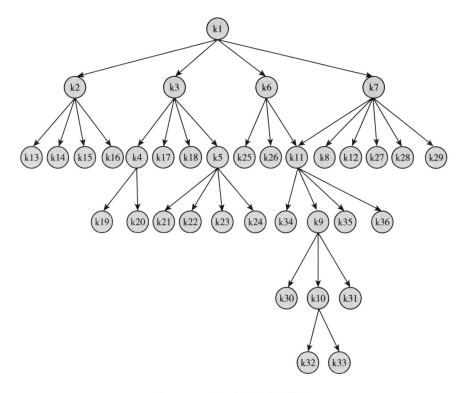

图 5-9　学习者知识点网络图

## 5.4.2　知识点掌握状态计算应用实践

在教学领域，题目通常被用来检验学习者对特定知识点的理解程度和
应用能力。题目设计往往会充分考虑题目与知识点之间的紧密联系，围绕
一个或多个知识点展开，以确保其能够有效地评估学习者的学习效果。这
就要求学习者在解答过程中能够综合运用所学知识，对问题进行全面、深
入的分析，有助于培养学习者的跨学科思维能力和问题解决能力。"项目 2
安装与测试电阻器电路"测试题目与知识点之间对应关系如表 5-5 所示，
知识点编号与知识点名称对应关系如表 5-6 所示。

表 5－5　　　"项目 2 安装与测试电阻器电路"测试题目与知识点对应关系

| 题目 | 知识点 1 | 知识点 2 | 知识点 3 | 知识点 4 | 知识点 5 | 知识点 6 |
|---|---|---|---|---|---|---|
| 1 | k5 | k22 | | | | |
| 2 | k2 | k14 | | | | |
| 3 | k3 | k18 | | | | |
| 4 | k5 | k22 | | | | |
| 5 | k5 | k24 | | | | |
| 6 | k6 | k25 | | | | |
| 7 | k11 | k34 | | | | |
| 8 | k11 | k34 | | | | |
| 9 | k3 | k9 | k17 | k31 | | |
| 10 | k9 | k10 | k30 | k33 | | |
| 11 | k1 | k12 | k13 | | | |
| 12 | k2 | k14 | k16 | | | |
| 13 | k3 | k18 | | | | |
| 14 | k4 | k19 | k20 | | | |
| 15 | k5 | k21 | | | | |
| 16 | k5 | k22 | | | | |
| 17 | k5 | k24 | | | | |
| 18 | k5 | k23 | | | | |
| 19 | k6 | k26 | | | | |
| 20 | k8 | k11 | k29 | k35 | | |
| 21 | k9 | k9 | k31 | | | |
| 22 | k10 | k32 | k33 | | | |
| 23 | k11 | k36 | | | | |
| 24 | k2 | k11 | k15 | k16 | k35 | |
| 25 | k2 | k11 | k16 | k35 | | |
| 26 | k1 | k12 | | | | |
| 27 | k4 | k19 | | | | |
| 28 | k7 | k27 | k28 | | | |
| 29 | k9 | k31 | | | | |
| 30 | k2 | k8 | k11 | k14 | k29 | k35 |

表 5 - 6　　　　　　　　　知识点编号与知识点名称对应关系

| 知识点编号 | 知识点名称 | 知识点编号 | 知识点名称 |
|---|---|---|---|
| k1 | 电路组成基本元素 | k19 | 固定电阻器 |
| k2 | 电路工作状态 | k20 | 可变电阻器 |
| k3 | 电阻基本知识 | k21 | 型号命名方法 |
| k4 | 电阻器分类和符号 | k22 | 文字符号法 |
| k5 | 电阻器型号和参数 | k23 | 数码法 |
| k6 | 电流 | k24 | 色标法 |
| k7 | 电阻单位换算 | k25 | 电流单位换算 |
| k8 | 电动势 | k26 | 电流分类 |
| k9 | 电功率 | k27 | 电压定义 |
| k10 | 电能 | k28 | 电位 |
| k11 | 欧姆定律 | k29 | 电动势定义 |
| k12 | 电源 | k30 | 电功率单位换算 |
| k13 | 负载 | k31 | 电功率计算 |
| k14 | 通路 | k32 | 电能单位换算 |
| k15 | 短路 | k33 | 电能计算 |
| k16 | 断路 | k34 | 部分电路欧姆定律 |
| k17 | 电阻单位换算 | k35 | 全电路欧姆定律 |
| k18 | 电阻定律 | k36 | 伏安特性曲线 |

　　借助 DSKT 知识追踪模型，可获得学习者对每个问题所包含知识点的掌握程度。由于每道题目由若干个知识点组成，本章采用包含某知识点的所有问题回答程度加权平均求和的方式得到单个知识点的掌握程度。以学习者 S12 学习过程为例，涉及知识点 k1 的题目有 11 题和 26 题。具体而言，学习者 S12 在回答 11 题时的 k1 掌握状态为 0.22，在回答 26 题时的应对掌握状态为 0.21。因此，学习者 S12 对知识点 k1 的整体掌握状态（记为 $p1$）可通过对这两个题目的掌握状态取平均值得到（$p1 = (0.22 + 0.21)/2 = 0.22$）。采用类似的计算方法，可以获得学习者对其

他单一知识点的掌握状态。学习者 S12 的知识点掌握情况以及单知识点难度如表 5-7 所示。

表 5-7 　　学习者 S12 的知识点掌握情况以及单知识点难度值

| 知识点 | 单知识点掌握状态 | 知识点难度 | 知识点 | 单知识点掌握状态 | 知识点难度 |
|---|---|---|---|---|---|
| k1 | 0.22 | 0.38 | k19 | 0.47 | 0.40 |
| k2 | 0.51 | 0.26 | k20 | 0.29 | 0.32 |
| k3 | 0.35 | 0.3 | k21 | 0.54 | 0.38 |
| k4 | 0.47 | 0.4 | k22 | 0.32 | 0.35 |
| k5 | 0.44 | 0.33 | k23 | 0.63 | 0.29 |
| k6 | 0.42 | 0.26 | k24 | 0.42 | 0.30 |
| k7 | 0.39 | 0.3 | k25 | 0.63 | 0.14 |
| k8 | 0.75 | 0.39 | k26 | 0.21 | 0.38 |
| k9 | 0.45 | 0.25 | k27 | 0.57 | 0.22 |
| k10 | 0.44 | 0.21 | k28 | 0.56 | 0.22 |
| k11 | 0.55 | 0.31 | k29 | 0.75 | 0.4 |
| k12 | 0.54 | 0.39 | k30 | 0.26 | 0.24 |
| k13 | 0.22 | 0.28 | k31 | 0.52 | 0.25 |
| k14 | 0.52 | 0.19 | k32 | 0.64 | 0.18 |
| k15 | 0.15 | 0.47 | k33 | 0.45 | 0.21 |
| k16 | 0.41 | 0.29 | k34 | 0.65 | 0.1 |
| k17 | 0.21 | 0.49 | k35 | 0.58 | 0.39 |
| k18 | 0.43 | 0.20 | k36 | 0.25 | 0.35 |

　　依据学习者知识点网络图，结合学习者知识点掌握情况以及单知识点难度值，使用式（5-1）可以计算学习者单知识点综合掌握程度。图 5-10 为学习者 S12 所有单知识点掌握程度，式（5-1）中，$\alpha$ 表示的是当前知识点对下位知识点的影响，$\beta$ 表示的是上位知识点对当前知识点的影响，后者更能影响学习者单知识点的影响程度，因此将 $\alpha$ 值取 0.6，$\beta$ 值取 0.1 为例进行计算。

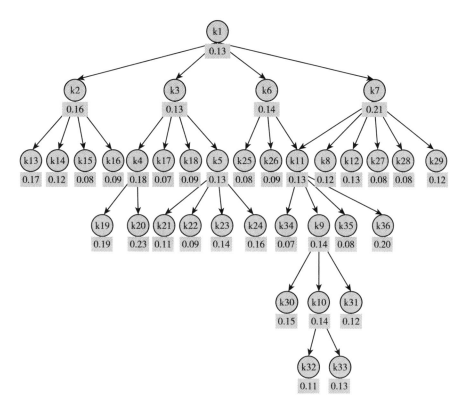

**图 5-10　学习者 S12 所有单知识点掌握程度**

## 5.4.3　错因强关联知识点与薄弱知识点挖掘

通过分析学习者的每一道错题，可以识别其中涉及的知识点，并根据这些知识点的综合掌握情况进行排序，找出影响学习者答错最主要的知识点（即错因知识点）。以学习者 S12 在 4 题中的错因强关联知识点挖掘为例，4 题包含的知识点有 k5 和 k22。通过查询学习者 S12 的综合知识点掌握情况，我们得知 k5 的综合知识点掌握情况大于 k22，因此 k22 被认定为学习者 S12 在 4 题中的错因强关联知识点。表 5-8 展示了学习者 S12 的错题及其对应的错因知识点。

表5-8 学习者"错因知识点"

| 错题题号 | 错题归因 | 错题题号 | 错题归因 |
|---|---|---|---|
| 4 | k22 | 22 | k32 |
| 9 | k17 | 24 | k5、k35 |
| 13 | k18 | 25 | k35 |
| 15 | k21 | 26 | k22 |
| 16 | k22 | 27 | k4 |
| 17 | k5 | 28 | k27、k28 |
| 19 | k26 | 30 | k35 |
| 20 | k35 | | |

通过对学习者的"错因知识点"进行聚合分析，可以挖掘出学习者的薄弱知识点。图5-11展示了学习者S12的薄弱知识点分布情况。

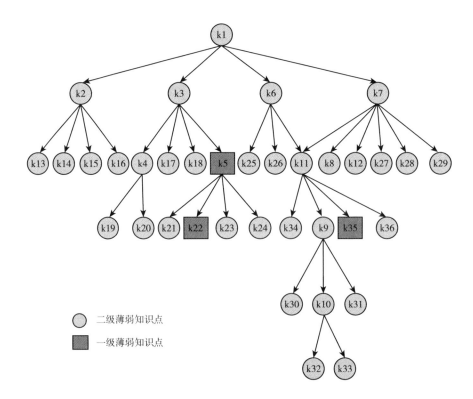

图5-11 学习者S12薄弱知识点分布

根据图 5-11 所示的学习者 S12 薄弱知识点分布，可以清晰地挖掘出一级薄弱知识点和二级薄弱知识点。结合学习者的实际答题情况和题目所包含的知识点进行分析验证，发现包含一级薄弱知识点的题目学习者几乎全部答错。以学习者 S12 的 k35 为例，涉及该知识点的题目包括 20 题、24 题、25 题、30 题等，对照学习者 S12 的真实答题记录发现这些题目均答错。进一步对项目 2 子数据集中的其他学习者进行分析也得出类似结论。此外，对二级薄弱知识点的分析表明即使学习者对某些知识点掌握得不错仍可能答错相关题目，这可能与学习者的状态、所处环境等其他因素有关。因此通过分析学习者的薄弱知识点不仅可以识别其一级薄弱知识点和易错知识点，还能为个性化教学提供有针对性的指导。

## 5.5　本章小结

学习者薄弱知识点挖掘研究有助于实现个性化学习，还能满足新时代教学评价改革发展需求。本章构建了基于知识追踪的薄弱知识点挖掘理论体系，借助知识点网络图计算学习者知识点掌握程度，融入多维问题难度的自适应知识追踪模型应用解决了知识点空间关系、问题难度对知识点掌握状态影响，全方位、深层次地挖掘学习者薄弱知识点。后续将与教育机构共同探讨如何将挖掘结果有效应用于教学实践工作中；同时，研发能够自动化、智能化地追踪和诊断学习者知识点的工具，直观展示学习者的知识掌握状况和薄弱点，为补救教学有效实施提供支持。

# 第6章 融入深度知识追踪模型的协作学习分组

协作学习分组作为开展协作学习活动重要环节，分组合理与否直接影响着学习效率。目前分组方法缺乏对学习者知识水平特征深度计算，利用知识追踪探究学习者测试成绩蕴含的丰富信息，在此基础上进行分组可以有效提升学习者之间的协作积极性。本章首先介绍协作学习分组概述，定义了融入深度知识追踪模型的协作学习分组问题，其次，在 DKVMN 模型基础上设计 DKVMN－KT 优化模型，提出了融入深度知识追踪优化模型的协作学习分组方法，最后进行了分组方法应用效果分析。

## 6.1　协作学习分组概述

### 6.1.1　协作学习及分组内涵

协作学习，作为一种创新的教学策略，自 20 世纪 70 年代初在美国兴起以来，逐渐发展成为全球教育领域广泛采用的教学方法。协作学习（collaborative learning）是一种通过小组或团队的形式组织学习者进行学习的教学策略，它转变了传统教学中知识和信息的单向传递模式，推动了师生之间、学习者之间的多维交流，有效扩大了信息的交流与共享（谢涛等，2022）。

通过协作学习，学习者不再是被动的接受者，而是能够主动融入学习过程中，与同伴共同探索、讨论和解决问题。协作学习开展不仅提高了学习者的学习兴趣和动力，而且有利于培养他们的批判性思维、创新能力和团队合作精神。

在过去的几十年里，协作学习的有效性已经得到了广泛的证实。大量研究表明，与传统教学相比，协作学习能够更好地促进学习者的认知发展和学业成绩提升（Smith，1995）。胡小勇等（2009）的研究进一步证实了小组协作学习在提升学习者理论水平、创新精神和应用能力方面的显著效果。在小组学习中，学习者可以相互启发、互相补充，通过共同完成任务来加深对知识的理解和应用。此外，小组学习还能使教师更加关注不同学习者的个性化需求，有效解决传统教学中学习者任务分配不均问题（李子建，2017）。将协作学习应用于教学实践中，能够让学习者从被动的旁观者转变为积极的参与者。教师可以根据学习者的特点进行分组，确保每位学习者都能在学习小组中找到适合自己的位置，从而更好地发挥个人潜能。

然而，要实现协作学习的最佳效果，合理的分组策略至关重要。在教育领域，学习者分组是实现教学目标的重要手段之一。合理的分组能够使小组成员之间形成互补关系，互相促进、共同成长。因此，在分组过程中，教育者应充分尊重学习者的个体差异，包括学习风格、兴趣、能力和背景等方面。例如，可以将具有不同学科优势的学习者分在同一组，以促进学科之间的交叉融合；也可以将性格内向和外向的学习者搭配在一起，以促进性格的互补和社交技能的培养。通过科学地进行分组和任务分配，教育者可以更好地激发学习者的潜力和创造力，促进学习者的全面发展。除了考虑学习者的个体差异外，教育者还应关注小组内部的动态和互动关系。在协作学习过程中，小组成员之间需要建立良好的沟通和合作机制，以确保任务的顺利完成。教育者可以引导学习者制定小组规则、明确角色分工和责任分配，培养学习者的团队协作能力和自我管理能力。同时，教育者还应定期评估小组的学习效果和成员表现，及时调整分组策略和任务难度，以保持学习者的学习动力和兴趣。

## 6.1.2　协作学习分组研究现状

协作学习分组作为协作学习领域的关键环节，一直受到广大学者的关注与研究。目前，协作学习分组方法主要分为两类：未考虑学习者特征的分组方法和考虑学习者特征的分组方法。在未考虑学习者特征的分组方法中，学习者通常可以自我选择（Gibbs，1995）或由教师组织（Ounnas et al.，2008）进行分配。然而，这类方法往往具有较强的主观性和随机性，忽略了学习者的动态特征和协作过程中的特征，导致分组效果不尽如人意，无法为学习者推荐针对性的学习团队。为了克服上述问题，学者们提出了考虑学习者特征的分组方法，这类方法综合考虑多种因素，旨在平衡学习者的不同特点，促进更广泛的交流和合作。安德烈丘克等（Andrejczuk et al.，2019）在分组时考虑了学习者的性别、个性、能力和小组规模，旨在构建更加均衡和多样化的小组；南德等（Nand et al.，2019）通过使用萤火虫算法进行分组，依据学习者的技能偏好和水平，将具有相似技能和知识水平的学习者聚集在一起，促进知识技能的分享和提高；同时，弗洛尔 - 帕拉等（Flores-Parra et al.，2019）在分组时考虑了学习者在小组中可能的角色分工，使用社交网络的方法进行分组，这种方法能够更好地利用学习者的社交网络关系，促进有效的协作和学习；桑治平等（2014）还关注了学习者的兴趣、学习动机、知识水平等因素，依据这些因素构建小组能够更好地满足学习者的个性化需求，进而提高学习的针对性和效果；此外，还有一些研究考虑了在线学习者的性格、学习目标、风格、动机、认知水平等因素，利用 Multi-Agent 分组方法更好地适应在线学习的特点，提供更加个性化和智能化的分组服务（潘芳等，2014）。根据学习者的不同特征使用算法进行自动分组，提高分组的效率和准确性。例如，厄尔曼等（Ullmann et al.，2015）在融入了学习者的知识水平和兴趣爱好的特征基础上使用粒子群优化算法形成合作小组；陈志明等（Chen et al.，2019）考虑学习者知识水平、学习角色异质性及成员之间社会互动同质性，提出一种基于遗传算法的小组形成方法；罗凌等（2017）在构建了学习风格、认知水平、学习目标、兴趣爱好、活跃度、性别等多维特征模型的基础上，设计了基于模糊 C 均值的在线协作学习混合分组算法进行学习分组；李浩君等（2022）根据学习者的性别、位置、认知水平、学习风格、学习时间、兴趣偏好、学习偏好七大个性特征建立在线学习群体形成 MOLGFM 模型，提出多目标优化视角下的在线学习群体形成方法。

然而，尽管上述研究在分组方法上取得了一定的进展，但仍存在知识水平如何测量等方面问题。在现有的研究中，知识水平往往只是根据测试成绩简单地评估为低、中、高三个水平，这种度量方法在真实性和准确度上有所欠缺。对于学习者知识水平的评估局限于表面知识水平，特征建模不够深入，忽视了对学习者知识组成结构的计算。这可能会导致组内学习者之间的知识结构互补性不高，从而不利于成员之间的互助学习。即使具有相同成绩的学习者也可能具有截然不同的知识结构，知识状态精准建模有助于组内成员有效地掌握薄弱知识点。

为了解决上述问题，本章提出一种融入深度知识追踪模型的协作学习分组方法。知识追踪可以通过学习者个体的作答数据求解学习者的认知状态，准确地诊断学习者对于每一个知识点的掌握概率。而深度学习技术具有分析和挖掘数据特征、建模数据间复杂关系的能力，被广泛应用于图像识别（郑远攀等，2019）和状态预测（余萍等，2020）等应用领域。与传统的知识追踪模型相比，深度知识追踪利用深度学习技术强大的计算能力和自动学习数据特征表示的能力，能够更好地捕捉多个知识点之间的复杂关系。通过将传统知识追踪的概率求解问题转化为神经网络算法训练问题，深度知识追踪可以模拟学习者真实的学习过程，计算学习者的知识掌握状态。通过融入深度知识追踪模型，本章旨在优化协作学习分组过程，提高分组的准确性和有效性，从而更好地满足学习者的个性化需求，促进有效的协作和学习。

## 6.1.3　融入深度知识追踪模型的协作学习分组问题

在协作学习活动中，合适的协作学习小组可以极大地提高学习者的学习效率，促进知识的深度交流与共享，从而有助于培养学习者的团队协作能力并提升学习效果。因此，如何根据学习者的特征进行科学分组，使每位学习者都能寻找到适合自身的学习小组，是协作学习活动中的关键问题。

假设有 $n$ 位学习者 $S = \{s_1, s_2, \cdots, s_n\}$，共同学习某一课程并练习 $m$ 个习题 $E = \{e_1, e_2, \cdots, e_m\}$，习题中考查了 $v$ 个知识点 $K = \{k_1, k_2, \cdots, k_v\}$。学习者的历史答题序列 $X = \{x_1, x_2, \cdots, x_t\}$，其中 $x_t = (e_t, a_t)$ 表示学习者在 $t$ 时刻的答题序列，$e_t$ 表示学习者在 $t$ 时刻答题的习题编号，$a_t$ 表示学习者对习题 $e_t$ 的答题情况，当学习者答对习题时记为 1，答错记为 0。将包含 $n$ 位学习者的集合 $S = \{s_1, s_2, \cdots, s_n\}$ 划分为 $k$ 组 $G = \{g_1, g_2, \cdots, g_k\}$，每一位学习者都有对于 $c$ 个知识点的掌握程度特征向量 $M = \{m_1, m_2, \cdots, m_c\}$。协作学习分组的目标就是为每一位学习者找到一个合适的分组并将其放入组中，并且组内满足一定的限制条件。首先，每位学习者有且只能被放入一个分组中；其次，不同分组内的学习者人数应该尽可能相同或接近，所有分组的组内学习者总数差距不得大于 1；同时要将每位学习者的知识掌握状态都考虑在内，使其既能发挥所长，又能优势互补。在满足式（6－1）、式（6－2）的基础上，实现组内异质与组间同质，最终达到各小组的学习效果最大化的目标。

$$\forall g_{k_1} 、 g_{k_2} \in G, \ g_{k_1} \cap g_{k_2} = \phi \tag{6-1}$$

$$\forall g_{k_1} \in G, \ \left[\frac{n}{k}\right] \leqslant |g_{k_1}| \leqslant \left[\frac{n}{k}\right] + 1 \tag{6-2}$$

其中，$k_1$ 和 $k_2$ 的取值均为 $1, 2, 3, \cdots, k$，且 $k_1 \neq k_2$。

## 6.2　面向协作学习分组的深度知识追踪优化模型

### 6.2.1　优化模型构建

DKVMN 模型是在记忆增强神经网络（memory augmented neural network, MANN）基础上增加了一个记忆矩阵。DKVMN 模型使用键矩阵和值矩阵共同存储时序信息，键矩阵存储练习题包含的潜在知识点，具有静态特征；值矩阵存储学生对各知识点的掌握程度，具有动态特征。它以练习题 $q_t$ 和作答反应 $r_t \in \{0,1\}$ 作为输入，通过读操作和写操作预测学生正确回答问题的概率并更新值矩阵。

然而，直接使用 DKVMN 模型对于现实场景学习者的知识状态建模会存在不足。第一，DKVMN 模型通过键值矩阵建模的是学习者对潜在知识点的掌握状态，并非真实存在的知识点。因此本章节首先对 DKVMN 模型的权重计算部分进行修改，将"知识点 – 练习题"矩阵融入 DKVMN 模型中，实现对真实知识点的诊断。第二，在 DKVMN 模型中学习者在每次回答问题活动后获得的知识增长只与当前练习相关。然而，对于不同基础的学习者来说，所获得的知识增长量是不同的，学习者在学习中的知识增长应该与学习者当前的所有知识状态相关。因此，本章对于 DKVMN 模型的写操作过程进行修改，将学习者的知识状态变化考虑进知识增量中。

本章提出面向协作学习分组的深度知识追踪模型 DKVMN – KT，该模型包括权重计算、读操作、写操作，模型结构如图 6 – 1 所示。

#### 6.2.1.1　权重计算层

"知识点 – 练习题"矩阵 $Q_{qt}^{ka}$ 包含了知识点和练习题的对应关系。将其融入 DKVMN 模型，根据"知识点 – 练习题"矩阵 $Q_{qt}^{ka} \in R^{m \times n}$ 构建知识矩阵

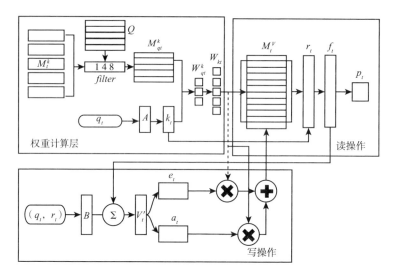

图 6 – 1　DKVMN – KT 模型结构

$M^k \in R^{n \times d_k}$，计算练习题与其包含的知识点之间的相关权重。首先，将练习题 $q_t$ 与嵌入矩阵 $A \in R^{Q \times d_k}$ 相乘得到一个包含练习题特征信息的嵌入向量 $k_t \in R^{d_k}$；然后根据练习题 $q_t$ 的"知识点 – 练习题"矩阵 $Q_{qt}^{ka}$ 的值为知识矩阵 $M_t^k$ 进行过滤，获得 $t$ 时刻学习者回答练习题 $q_t$ 所关联的知识矩阵 $M_{qt}^k \in R^{j \times d_k}$，$j \leqslant n$ 为练习题 $q_t$ 所包含的知识点的数量；将嵌入向量 $k_t$，与练习题 $q_t$ 所关联的知识矩阵 $M_{qt}^k$ 中的每个记忆槽 $M_{qt}^k(i)$ 做内积运算；最后，通过 $Softmax$ 函数获得习题 $q_t$ 所包含的各知识点相关权重 $W_{qt}^k \in R^j$，计算如式（6 – 3）所示。

$$W_{qt}^k = Softmax(k_t^T M_{qt}^k(i)) \tag{6 – 3}$$

初始化知识权重 $W_{kt} \in R^n$，其值 $W_{kt}(i) = 0$，然后将 $W_{qt}^k$ 的每个值填充至知识权重 $W_{kt}$，每个值的填充位置与习题 $q_t$ 的 $Q_{qt}^{ka}$ 矩阵中 1 值相对应。知识权重 $W_{kt}$ 可解释为：$t$ 时刻，与习题 $q_t$ 不相关的知识点的权重设置为 0，与习题 $q_t$ 相关的知识点的权重设置为相应权重值，知识权重的计算方法融入了习题的真实知识点信息。

### 6.2.1.2　读操作

读操作负责预测学习者正确回答下一问题的概率。当模型需要预测学习者

对练习 $q_t$ 的作答反应时，首先利用权重计算层获得的练习题 $q_t$ 的相关知识权重 $W_{kt}$ 与值矩阵 $M_t^v \in R^{n \times d_v}$ 中每个记忆槽 $M_t^v(i)$ 相乘并加权求和，获得学习者对练习题 $q_t$ 中包含的各知识点加权掌握程度向量 $r_t$，计算如式（6-4）所示。

$$r_t = \sum_{i=1}^{n} W_{kt}(i) M_t^v(i) \qquad (6-4)$$

即使包含相同知识点的练习，其难度也不一定相同。将学习者知识加权掌握程度向量 $r_t$ 与权重计算层获得的嵌入向量 $k_t$ 进行拼接，并通过带有 $Tanh$ 激活函数的全连接层获得一个包含学习者知识加权掌握程度和练习题特征的特征向量 $f_t$，如式（6-5）所示。其中 $w_f$ 和 $b_f$ 分别为全连接层的权重矩阵和偏置向量。

$$f_t = Tanh(W_f^T[r_t, k_t] + b_f) \qquad (6-5)$$

最后，将特征向量 $f_t$ 输入一个带有 $Sigmoid$ 激活函数的全连接层获得学习者正确回答练习题 $q_t$ 的概率 $p_t$，如式（6-6）所示。其中，$W_p$ 和 $b_p$ 分别为全连接层的权重矩阵和偏置向量。

$$p_t = Sigmoid(W_p f_t + b_p) \qquad (6-6)$$

### 6.2.1.3 写操作

写操作负责更新值矩阵。当学习者完成练习题 $q_t$ 后，模型根据学习者作答情况 $(q_t, r_t)$ 更新值矩阵。将学习者的作答反应元组 $(q_t, r_t)$ 与嵌入矩阵 $B \in R^{2Q \times d_v}$ 相乘得到知识增长向量 $V_t \in R^{d_v}$。将学习者的知识状态变化考虑进学习者的知识增量中，得到知识增长向量 $V_t' \in R^{d_v}$，如式（6-7）所示。

$$V_t' = [v_t, f_t] \qquad (6-7)$$

根据知识增长向量 $V_t'$，计算擦除向量 $e_t$ 和添加向量 $a_t$，根据两向量更新值矩阵记忆向量，值矩阵中存储着学习者 $t$ 时刻对各个知识点的掌握程度，如式（6-8）~式（6-10）所示。

$$e_t = Sigmoid(W_e v'_t + t) \qquad (6-8)$$

$$a_t = Tanh(W_a v'_t + t) \qquad (6-9)$$

$$M_t^v(i) = \widehat{M}_t^v(i)[1 - \tilde{w}_t(i)e_t][1 + \tilde{w}_t(i)a_t] \qquad (6-10)$$

#### 6.2.1.4 训练过程

通过最小化模型预测值 $p_t$ 与学习者作答真实值 $r_t$ 的交叉熵损失函数来训练模型，更新键矩阵 $M^k$、嵌入矩阵 $A$ 和 $B$、权重矩阵 $W$ 以及偏置向量 $b$ 等模型参数，损失函数 $loss$ 计算如式（6-11）所示。

$$loss = -\sum_t (r_t \log p_t + (1 - r_t)\log(1 - p_t)) \qquad (6-11)$$

### 6.2.2 实验结果与分析

#### 6.2.2.1 实验设计与结果

本实验共采用四个数据集，Synthetic-5 是由皮耶希等（Piech et al., 2015）提供的 2000 名模拟学习者在线作答数据；Math1、Math2 为中国科学技术大学公开的真实世界数据集，包含两次数学期末考试数据（Wu et al., 2015）；项目 2 为私有数据集，包含浙江省 29 个班级的安装与测试电阻器电路模块测试数据，该数据集具体信息可参阅第 4 章相关内容。这四个数据集都包括一个习题考查知识点的 Q 矩阵和学习者的答题表现矩阵，表 6-1 显示了四个数据集的简要信息。

表 6-1　　　　　　　　　　　实验数据集

| 数据集 | 互动次数（次） | 学习者数（名） | 练习题（道） | 知识点（个） |
|---|---|---|---|---|
| Synthetic-5 | 200000 | 4000 | 50 | 5 |
| Math1 | 63135 | 4209 | 15 | 11 |
| Math2 | 62576 | 3911 | 16 | 16 |
| 项目 2 | 33600 | 1120 | 30 | 11 |

为验证提出的以 DKVMN - KT 模型为核心的知识追踪优化策略的有效性，本章节分别在四个数据集上进行学习者得分预测实验，每次从数据集中随机划分 80% 的学习者用于训练，其余 20% 的学习者用于测试训练后的模型，选择三种模型作为对比基线模型。

（1）DINA 模型（Junker et al.，2001）：教育心理学领域学习者知识状态建模的常用模型，该模型使用 Q 矩阵映射习题与知识点之间的关系，考虑失误与猜测两个影响因素，可以得到学习者知识状态的二元估计。

（2）DKT 模型（Piech et al.，2015）：该模型是深度学习技术用于知识追踪的第一个模型，利用循环神经网络 RNN 或长短时记忆网络 LSTM 对学习过程进行建模，本章节选用长短时记忆网络 LSTM 建模来评估学习者的知识状态。

（3）DKVMN 模型（Zhang et al.，2017）：该模型利用动态键值矩阵表示记忆网络并跟踪每个知识点概念状态，将学习者知识状态表征成高维、连续的特征，该模型是 DKVMN - KT 的原始模型。

学习者的得分预测问题是一个分类问题，因此本实验采用来自分类方面两个评估指标曲线下面积（AUC）、准确率（ACC）衡量模型的性能。实验结果如表 6 - 2 所示。

表 6 - 2　　　　　　　　　各模型 AUC、ACC 指标对比

| 模型 | Synthetic - 5 | | Math1 | | Math2 | | 项目 2 | |
| --- | --- | --- | --- | --- | --- | --- | --- | --- |
| | AUC | ACC | AUC | ACC | AUC | ACC | AUC | ACC |
| DINA | 0.573 | 0.532 | 0.656 | 0.629 | 0.676 | 0.638 | 0.591 | 0.686 |
| DKT | 0.775 | 0.708 | 0.743 | 0.671 | 0.746 | 0.678 | 0.696 | 0.711 |
| DKVMN | 0.830 | 0.754 | 0.740 | 0.675 | 0.767 | 0.689 | 0.768 | 0.754 |
| DKVMN - KT | 0.831 | 0.755 | 0.743 | 0.676 | 0.764 | 0.690 | 0.755 | 0.744 |

### 6.2.2.2　结果分析

分析实验结果，得到以下结论：

（1）DKVMN - KT 模型在四个数据集上的表现均优于 DINA 模型，在

Synthetic－5 中提升效果最明显，AUC 提升了 0. 258，ACC 提升了 0. 223。DINA 模型是以离散的二维变量表示学习者对于知识点的掌握状态，对比 DKVMN－KT 模型，它忽略了学习者作答过程中知识掌握状态动态变化的情况，只考虑了学习者失误和猜测两个影响因素，建模过于简单化。

（2）DKVMN－KT 模型在四个数据集上的表现均优于 DKT 模型，在项目 2 中提升效果较为明显，AUC 提升了 0. 059，ACC 提升了 0. 033。DKT 模型使用一个隐状态来更新学习者的知识状态，对比 DKVMN－KT 模型，它难以诊断学习者对于各个知识点的掌握情况。

（3）与 DKVMN 模型比较，在 Math2 和项目 2 两个数据集中，DKVMN－KT 优化策略模型表现略逊于 DKVMN 模型，但仍在可接受范围内。其原因在于：较于 DKVMN 模型，DKVMN－KT 模型引入了 Q 矩阵，不可避免地导致了一定程度的矩阵稀疏问题，所以模型的性能有略微下降。但它弥补了 DKVMN 模型无法对真实知识点建模的缺点，并且计算了学习者个性化的知识增长，综合来看，本章提出的模型不仅保留了 DKVMN 模型的函数拟合能力，又能对真实知识点建模，增强了模型的可解释性，它能够有效地对学习者的知识点掌握状态建模。

## 6.3　融入深度知识追踪模型的协作学习分组方法

融入深度知识追踪模型的协作学习分组方法主要包含三个模块。第一，数据预处理模块，包括学习者的答题信息与习题的知识点信息两部分数据的规范化处理过程。第二，知识掌握状态诊断模块，利用提出的 DKVMN－KT 优化模型，得到学习者个体的知识点掌握概率。第三，学习者分组模块，结合 K-means 算法，将学习者的个性化知识掌握状态作为特征进行聚类，得到相似学习者簇，将不同的学习者分配到组内，形成不同的学习小组，具体过程如图 6－2 所示。

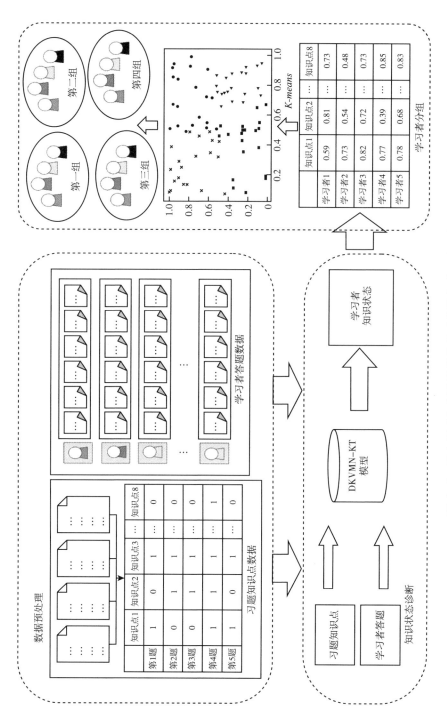

图 6-2　融入深度知识追踪优化策略的协作学习分组方法

## 6.3.1　数据预处理模块

学习者数据预处理模块需要处理两部分的数据。一部分是对习题的知识点信息进行编码。依据专家对习题知识点的划分，若习题包含某个知识点则置为1，若不包含该知识点则置为0，得到0－1分布的二维Q矩阵。另一部分是对学习者的答题数据进行编码。当学习者答对习题时记为1，答错记为0，并对数据进行清洗（去除缺考学习者）等操作，得到学习者答题表现矩阵，数据处理流程如图6－3所示。

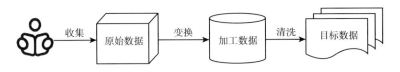

**图6－3　数据预处理流程**

低质量的数据会导致低质量的数据挖掘结果，而现实中数据极易受到噪声、缺失值和不一致数据的侵扰，因此数据预处理是数据挖掘必不可少的一个阶段，其能提高数据质量，从而提高挖掘的准确率和效率。数据预处理包括收集数据、数据变换、数据清洗三个步骤，每个步骤都有不同的任务。

（1）数据收集。在协作学习分组的过程中，数据收集主要包括两个方面：一是从出题者处收集试题的知识点信息；二是从学习者处收集测试数据。从出题者处收集试题的知识点信息是必要的步骤。出题者需要提供与学习目标相关的试题，试题应该涵盖不同的知识点，并具有代表性。收集这些知识点信息可以帮助教师更好地了解学生的学习需求和知识掌握情况，从而为分组提供依据。另外，从学习者处收集测试数据也是重要的环节。在测试过程中，学习者需要完成教师提供的试题，并提交答案。通过收集这些测试数据，教师可以了解学习者的知识水平和能力，从而更好地进行分组。

（2）数据变换。假设每一张试卷有 30 道客观题 $\{T1,T2,\cdots,T30\}$，每道题的取值集合为 $\{A、B、C、D\}$，由于学习者进行知识点掌握诊断需要用到每道题目的答题情况进行计算，而 $A$、$B$、$C$、$D$ 又不是具体的值，无法满足计算的要求，因此把原始数据表中的数据值进行数据变换，如图 6-4 所示。

原始数据表

| 学习者（S）题目（T） | T1 | T2 | T3 | T4 | T5 | ⋯ | T30 |
|---|---|---|---|---|---|---|---|
| S1 | A | C | B | C | A | | A |
| S2 | B | C | D | A | B | | B |
| S3 | A | C | D | B | A | | B |
| S4 | A | B | A | A | C | | A |
| S5 | A | C | D | A | B | | B |
| ⋮ | | | | | | | |
| S40 | B | C | A | A | A | | B |

加工数据表

| 学习者（S）题目（T） | T1 | T2 | T3 | T4 | T5 | ⋯ | T30 |
|---|---|---|---|---|---|---|---|
| S1 | 1 | 1 | 0 | 0 | 1 | | 0 |
| S2 | 0 | 1 | 1 | 1 | 0 | | 1 |
| S3 | 1 | 1 | 1 | 0 | 1 | | 1 |
| S4 | 1 | 0 | 0 | 1 | 0 | | 0 |
| S5 | 1 | 1 | 1 | 1 | 0 | | 1 |
| ⋮ | | | | | | | |
| S40 | 0 | 1 | 0 | 1 | 1 | | 1 |

数据变换

图 6-4 数据变换过程

（3）数据清洗。在协作学习分组过程中，数据清洗是至关重要的一步。在学习者答题时，可能会出现空白卷或乱涂乱画的试题卷等不完整或无效数据。为了确保数据的准确性和可靠性，需要进行数据清洗。具体而言，需要识别和剔除不完整或无效的数据，同时对数据进行格式转换和标准化处理。此外，还需要进行数据校验，确保数据的准确性和完整性。通过数据清洗，可以提高数据的准确性和可靠性，为后续的协作学习分组和分析提供更好的基础。

## 6.3.2 知识掌握状态诊断模块

基于 Q 矩阵和学习者的答题表现矩阵进行学习者知识掌握状态诊断，以 DKVMN-KT 模型为核心的深度知识追踪优化策略能精准获得每位学习者在每个知识点上的掌握概率，其过程如图 6-5 所示。

|        | 知识点1 | 知识点2 | 知识点3 | 知识点4 |
|--------|--------|--------|--------|--------|
| 第1题 | 1 | 0 | 1 | 1 |
| 第2题 | 0 | 1 | 1 | 1 |
| 第3题 | 0 | 1 | 1 | 1 |
| 第4题 | 1 | 1 | 1 | 0 |
| ⋮ | ⋮ | ⋮ | ⋮ | ⋮ |
| 第m题 | 1 | 0 | 1 | 1 |

Q矩阵

|        | 第1题 | 第2题 | 第3题 | 第4题 |
|--------|--------|--------|--------|--------|
| 学习者1 | 1 | 1 | 1 | 1 |
| 学习者2 | 1 | 1 | 0 | 1 |
| 学习者3 | 1 | 1 | 1 | 1 |
| 学习者4 | 1 | 0 | 1 | 0 |
| ⋮ | ⋮ | ⋮ | ⋮ | ⋮ |
| 学习者n | 1 | 0 | 1 | 1 |

学习者答题表现矩阵

深度知识追踪模型 DKVMN－KT

|        | 知识点1 | 知识点2 | 知识点3 | 知识点4 |
|--------|--------|--------|--------|--------|
| 学习者1 | 0.55 | 0.87 | 0.21 | 0.57 |
| 学习者2 | 0.74 | 0.67 | 0.59 | 0.92 |
| 学习者3 | 0.85 | 0.75 | 0.93 | 0.36 |
| ⋮ | ⋮ | ⋮ | ⋮ | ⋮ |
| 学习者n | 0.55 | 0.83 | 0.37 | 0.68 |

图 6 – 5 知识掌握状态诊断过程

## 6.3.3 学习者分组模块

在 DKVMN – KT 模型的值矩阵 $M_t^v(i)$ 中存储着 $t$ 时刻每一位学习者 $s_i$ 的知识水平掌握向量 $M = \{m_1, m_2, \cdots, m_c\}$，选用 K-means 算法将相似状态的学习者分配在同一个簇内。利用 K-means 算法进行学习者聚类的基本思想是：通过迭代寻找 $k$ 个簇的一种学习者划分方案，使得聚类结果对应的损失函数最小。

传统的 K-means 算法所得簇的大小可能是不一致的，但在学习生活中，分组要尽可能保证组间的人数一致，所以要对原有的 K-means 算法进行改进，将学习者优先放入尚未达到最大学习者数的簇，使每个簇的大小一致。具体算法如图 6 - 6 所示。

输入：学生集 $S = \{s_1, s_2, \cdots, s_p\}$，学习小组数 $q$，则聚类簇数 $k = p/q$

过程：

1：从 $S$ 中随机选取 $k$ 个样本作为初始化均值向量 $\{u_1, u_2, \cdots, u_k\}$

2：repeat

3：　　令　　　　$C_i = \phi (1 \leqslant i \leqslant k)$，$C_i$ 中个数记为 $n$

4：　　for　　　$j = 1, 2, \cdots, p$ do

5：　　　　　　$d_{ij} = \| s_j - u_i \|^2$ //计算学习者 $x_j$ 与各均值向量 $u_i (1 \leqslant i \leqslant k)$ 的距离

6：　　　　　　$\lambda_j = argmin_{i \in \{1,2,3\cdots,k\}} d_{ij}\ and\ (n \leqslant q)$ //距离最近的且未满最大数的簇进行标记

7：　　　　　　$C_{\lambda_j} = C_{\lambda_j} \cup s_j$ //将样本 $s_j$ 划入相应的簇

8：　　end for

9：　　for　　　$i = 1, 2, \cdots, k$ do

10：　　　　　$u'_i = \dfrac{1}{|C_i|} \sum_{s \in C_i} x$ //计算新的均值向量

11：　　　　if　　$u'_i \neq u_i$ then //如果不相等

12：　　　　　　$u_i = u'_i$ //将当前的均值向量 $u_i$ 更新为 $u'_i$，否则，保持当前均值向量不变

13：　　　　end if

14：　　end for

15：until 当前均值向量均未更新

输出：簇划分　$C = \{C_1, C_2, \cdots, C_k\}$

**图 6 - 6　基于 K-means 的学习者聚类算法**

通过学习者聚类后，获得 $k$ 个簇，各个簇中的学习者的知识状态具有相似性，将同一个簇中的学习者分配到不同的学习小组中，实现组内成员拥有不同知识结构的状态，进行异质性分组。

## 6.4　分组方法应用效果研究

### 6.4.1　应用对象

实验对象为浙江省某中等职业技术学校 21 级物联网专业的学习者，共计 30 名，其中男生 28 名，女生 2 名。

## 6.4.2 测评材料

本节选取高等教育出版社的《电工基本电路安装与测试》（第二版）作为参考教材，以"项目2"章节相关知识点作为教学内容，编制测试卷收集实验相关数据。

在学科领域教育专家的指导下，本节根据教学大纲和教材对教学内容进行梳理，将项目2划分为11知识点（项目2详细信息如表6-3所示），并编制了项目2测试试卷，共计包含30道客观题，每道试题知识点对应信息如表6-4所示。完成"任务一""任务二""任务三"内容教学后，进行项目2安装与测试电阻器电路测试并回收测试试卷。

表6-3　　　　　　　　　　　　项目2详细信息

| 教学项目 | 课时 | 教学内容 | 知识点 | 标识 |
|---|---|---|---|---|
| 项目2安装与测试电阻器电路 | 20 | 任务一　认识基本电路<br>任务二　认识常用电阻器<br>任务三　安装与测试电阻器基本电路 | 电路组成基本要素 | K1 |
| | | | 电路工作状态 | K2 |
| | | | 电阻基本知识 | K3 |
| | | | 电阻器分类和符号 | K4 |
| | | | 电阻器型号和参数 | K5 |
| | | | 电流 | K6 |
| | | | 电压 | K7 |
| | | | 电动势 | K8 |
| | | | 电功率 | K9 |
| | | | 电能 | K10 |
| | | | 欧姆定律 | K11 |

表6-4　　　　　　　　　　　项目2测试试卷知识点划分

| 知识点 | 考察该知识点的习题 |
|---|---|
| 电路组成基本要素 | T1、T11、T26 |
| 电路工作状态 | T2、T12、T24、T25、T30 |
| 电阻基本知识 | T3、T9、T13 |

| 知识点 | 考察该知识点的习题 |
|---|---|
| 电阻器分类和符号 | T14、T27 |
| 电阻器型号和参数 | T4、T5、T15、T16、T17、T18 |
| 电流 | T6、T19 |
| 电压 | T28 |
| 电动势 | T20、T30 |
| 电功率 | T9、T10、T21、T29 |
| 电能 | T10、T22 |
| 欧姆定律 | T7、T8、T20、T23、T24、T25、T30 |

## 6.4.3 效果评价指标

有学者提出，利用各个小组内的各项特征均值与学习者总分组的各项特征均值之差来衡量学习分组效果（Garshasbi et al.，2019）。首先计算所有学习者中各知识点掌握程度均值，如式（6-12）所示，其中 $\bar{c}_n$ 为知识点 $n$ 在所有学习者中的均值。其次计算每个分组内各知识点掌握程度均值，式（6-13）表示第 $g$ 组的特征均值，其中，$\bar{c}_n(G_g)$ 表示第 $g$ 组学习者知识点掌握程度均值。最后考虑计算学习者每个知识点掌握程度均值与学习者总群体平均知识点掌握程度的总差，如式（6-14）所示，也可以通过计算学习者总群体均值的总平均偏差百分比来表示，如式（6-15）所示。

$$\bar{c} = \{\bar{c}_1, \bar{c}_2, \bar{c}_3, \cdots, \bar{c}_n\} \tag{6-12}$$

$$\bar{c}(G_g) = \{\bar{c}_1(G_g), \bar{c}_2(G_g), \bar{c}_3(G_g), \cdots, \bar{c}_n(G_g)\} \tag{6-13}$$

$$MSE(TotalGroups) \mid i = \left(\frac{1}{N \times Q}\right) \sum_{g=1}^{Q} \sum_{n=1}^{N} (\bar{c}_n(G_g) - c_n)^2 \tag{6-14}$$

$$Error(TotalGroups) \mid i = \sqrt{\left(\frac{1}{R \times Q}\right) \sum_{g=1}^{Q} \sum_{n=1}^{N} (\bar{c}_n(G_g) - c_n)^2} \times 100$$

$$\tag{6-15}$$

本章从公平性与异质性两个方面来衡量分组效果。公平性是指组与组之间要尽可能同质，本章沿用上述研究中的指标，使用每个分组内各知识点掌握程度均值作为衡量分组公平性的指标，各小组内学习者知识掌握程度均值与学习者总体的知识点掌握水平均值尽量一致，各个知识点掌握程度均值误差或总平均偏差百分比要尽可能小。异质性是指组内要尽可能异质，通过各个组内的成员数据差异性来衡量，异质性有利于组内形成互相帮助、交流碰撞的学习氛围。

## 6.4.4 协作学习分组效果分析

基于21级物联网专业学习者的答题表现矩阵和试题与知识点构成的Q矩阵，通过DKVMN - KT模型，得到每位学习者在每个知识点上的掌握概率，如表6 - 5所示。

表 6 - 5　　　　　　　　　　全班学习者的知识结构

| 学号 | 电路组成基本元素（K1） | 电路工作状态（K2） | 电阻基本知识（K3） | 电阻器分类和符号（K4） | 电阻器型号和参数（K5） | 电流（K6） | 电压（K7） | 电动势（K8） | 电功率（K9） | 电能（K10） | 欧姆定律（K11） |
|---|---|---|---|---|---|---|---|---|---|---|---|
| S1 | 0.71 | 0.79 | 0.50 | 0.53 | 0.63 | 0.56 | 0.59 | 0.67 | 0.65 | 0.74 | 0.71 |
| S2 | 0.77 | 0.57 | 0.50 | 0.58 | 0.62 | 0.55 | 0.58 | 0.69 | 0.25 | 0.36 | 0.33 |
| S3 | 0.77 | 0.61 | 0.81 | 0.58 | 0.93 | 0.55 | 0.59 | 0.69 | 0.96 | 0.74 | 0.65 |
| S4 | 0.77 | 0.71 | 0.52 | 0.53 | 0.62 | 0.55 | 0.59 | 0.69 | 0.65 | 0.74 | 0.90 |
| S5 | 0.71 | 0.71 | 0.52 | 0.53 | 0.62 | 0.56 | 0.59 | 0.31 | 0.65 | 0.74 | 0.70 |
| S6 | 0.77 | 0.91 | 0.52 | 0.49 | 0.71 | 0.59 | 0.58 | 0.67 | 0.65 | 0.74 | 0.65 |
| S7 | 0.77 | 0.71 | 0.81 | 0.58 | 0.93 | 0.55 | 0.59 | 0.69 | 0.96 | 0.74 | 0.90 |
| S8 | 0.77 | 0.61 | 0.52 | 0.58 | 0.71 | 0.59 | 0.59 | 0.69 | 0.65 | 0.74 | 0.44 |
| S9 | 0.77 | 0.61 | 0.81 | 0.58 | 0.93 | 0.55 | 0.59 | 0.69 | 0.96 | 0.74 | 0.65 |
| S10 | 0.77 | 0.92 | 0.81 | 0.58 | 0.93 | 0.55 | 0.59 | 0.69 | 0.96 | 0.74 | 0.65 |
| S11 | 0.77 | 0.92 | 0.81 | 0.58 | 0.93 | 0.59 | 0.59 | 0.31 | 0.96 | 0.74 | 0.70 |
| S12 | 0.77 | 0.54 | 0.52 | 0.58 | 0.65 | 0.55 | 0.59 | 0.28 | 0.65 | 0.74 | 0.60 |

| 学号 | 电路组成基本元素（K1） | 电路工作状态（K2） | 电阻基本知识（K3） | 电阻器分类和符号（K4） | 电阻器型号和参数（K5） | 电流（K6） | 电压（K7） | 电动势（K8） | 电功率（K9） | 电能（K10） | 欧姆定律（K11） |
|---|---|---|---|---|---|---|---|---|---|---|---|
| S13 | 0.28 | 0.57 | 0.52 | 0.58 | 0.93 | 0.55 | 0.59 | 0.69 | 0.65 | 0.74 | 0.72 |
| S14 | 0.28 | 0.61 | 0.50 | 0.58 | 0.71 | 0.59 | 0.59 | 0.31 | 0.65 | 0.74 | 0.63 |
| S15 | 0.77 | 0.76 | 0.50 | 0.58 | 0.63 | 0.56 | 0.58 | 0.67 | 0.65 | 0.74 | 0.30 |
| S16 | 0.77 | 0.76 | 0.52 | 0.58 | 0.66 | 0.59 | 0.59 | 0.67 | 0.26 | 0.36 | 0.63 |
| S17 | 0.77 | 0.76 | 0.50 | 0.58 | 0.93 | 0.55 | 0.59 | 0.69 | 0.65 | 0.74 | 0.69 |
| S18 | 0.77 | 0.91 | 0.50 | 0.58 | 0.93 | 0.55 | 0.59 | 0.67 | 0.65 | 0.74 | 0.62 |
| S19 | 0.77 | 0.80 | 0.81 | 0.58 | 0.71 | 0.55 | 0.59 | 0.69 | 0.96 | 0.74 | 0.39 |
| S20 | 0.77 | 0.71 | 0.27 | 0.53 | 0.93 | 0.59 | 0.59 | 0.69 | 0.65 | 0.74 | 0.90 |
| S21 | 0.29 | 0.54 | 0.81 | 0.58 | 0.70 | 0.59 | 0.58 | 0.67 | 0.96 | 0.74 | 0.68 |
| S22 | 0.77 | 0.76 | 0.50 | 0.58 | 0.42 | 0.60 | 0.59 | 0.69 | 0.65 | 0.74 | 0.36 |
| S23 | 0.77 | 0.91 | 0.50 | 0.58 | 0.93 | 0.56 | 0.59 | 0.67 | 0.65 | 0.74 | 0.65 |
| S24 | 0.77 | 0.91 | 0.50 | 0.58 | 0.93 | 0.55 | 0.58 | 0.28 | 0.65 | 0.74 | 0.70 |
| S25 | 0.29 | 0.76 | 0.81 | 0.58 | 0.93 | 0.59 | 0.59 | 0.67 | 0.96 | 0.74 | 0.63 |
| S26 | 0.77 | 0.91 | 0.81 | 0.53 | 0.62 | 0.59 | 0.59 | 0.67 | 0.96 | 0.74 | 0.88 |
| S27 | 0.29 | 0.71 | 0.50 | 0.58 | 0.62 | 0.55 | 0.59 | 0.28 | 0.65 | 0.74 | 0.62 |
| S28 | 0.77 | 0.92 | 0.52 | 0.58 | 0.74 | 0.55 | 0.59 | 0.69 | 0.65 | 0.74 | 0.90 |
| S29 | 0.77 | 0.92 | 0.81 | 0.58 | 0.93 | 0.55 | 0.59 | 0.69 | 0.96 | 0.74 | 0.90 |
| S30 | 0.29 | 0.79 | 0.50 | 0.58 | 0.63 | 0.55 | 0.58 | 0.67 | 0.65 | 0.74 | 0.71 |
| 均值 | 0.67 | 0.75 | 0.60 | 0.57 | 0.77 | 0.57 | 0.59 | 0.60 | 0.73 | 0.71 | 0.67 |

本实验采用三种不同的特征进行分组。第一种根据学习者在试题上的原始得分来区分，得分 80% 及以上为 A，得分 70% ~ 80% 为 B，得分 60% ~ 70% 为 C，得分 60% 以下为 D；第二种使用教育心理学常用的 DINA 模型所得到学习者的知识状态，用 0 和 1 表示掌握状态；第三种是本章节提出的深度知识追踪优化模型所得的学习者的知识状态。分别以这三种特征将该班级分为 6 个学习小组，表 6-6 ~ 表 6-8 展示了分组结果，表中数据详细记录了每一个知识点在小组中的均值和总平均偏差百分比。

表 6-6 基于原始得分形成的学习分组结果

| 组号 | 组内成员 | K1 | K2 | K3 | K4 | K5 | K6 | K7 | K8 | K9 | K10 | K11 |
|---|---|---|---|---|---|---|---|---|---|---|---|---|
| 1 | S8、S9、S16、S17、S20 | 0.77 | 0.69 | 0.52 | 0.57 | 0.83 | 0.58 | 0.59 | 0.69 | 0.63 | 0.66 | 0.66 |
| 2 | S2、S11、S23、S27、S28 | 0.67 | 0.81 | 0.57 | 0.58 | 0.77 | 0.56 | 0.59 | 0.53 | 0.63 | 0.66 | 0.66 |
| 3 | S5、S7、S18、S22、S24 | 0.76 | 0.80 | 0.57 | 0.57 | 0.77 | 0.56 | 0.59 | 0.53 | 0.71 | 0.74 | 0.66 |
| 4 | S12、S15、S19、S25、S29 | 0.67 | 0.76 | 0.69 | 0.58 | 0.77 | 0.56 | 0.59 | 0.60 | 0.84 | 0.74 | 0.56 |
| 5 | S3、S10、S14、S26、S30 | 0.58 | 0.77 | 0.69 | 0.57 | 0.76 | 0.57 | 0.59 | 0.61 | 0.84 | 0.74 | 0.75 |
| 6 | S1、S4、S6、S13、S21 | 0.56 | 0.70 | 0.57 | 0.54 | 0.72 | 0.57 | 0.59 | 0.68 | 0.71 | 0.74 | 0.73 |
| | 总平均偏差百分比（%） | 7.99 | **4.60** | 6.49 | 1.35 | **3.21** | 0.81 | 0 | 6.38 | 8.66 | 3.79 | 6.11 |

表 6-7 基于 DINA 模型形成的学习分组结果

| 组号 | 组内成员 | K1 | K2 | K3 | K4 | K5 | K6 | K7 | K8 | K9 | K10 | K11 |
|---|---|---|---|---|---|---|---|---|---|---|---|---|
| 1 | S21、S19、S20、S2、S4 | 0.67 | 0.67 | 0.58 | 0.56 | 0.72 | 0.57 | 0.59 | 0.69 | 0.69 | 0.66 | 0.64 |
| 2 | S14、S18、S22、S1、S5 | 0.65 | 0.76 | 0.50 | 0.56 | 0.66 | 0.57 | 0.59 | 0.53 | 0.65 | 0.74 | 0.60 |
| 3 | S26、S17、S23、S28、S12 | 0.77 | 0.81 | 0.57 | 0.57 | 0.77 | 0.57 | 0.59 | 0.60 | 0.71 | 0.74 | 0.74 |
| 4 | S3、S11、S29、S25、S24 | 0.67 | 0.82 | 0.75 | 0.58 | 0.93 | 0.57 | 0.59 | 0.53 | 0.90 | 0.74 | 0.72 |
| 5 | S7、S10、S6、S16、S27 | 0.67 | 0.80 | 0.63 | 0.56 | 0.77 | 0.57 | 0.59 | 0.6 | 0.70 | 0.66 | 0.76 |
| 6 | S8、S9、S13、S15、S30 | 0.58 | 0.67 | 0.57 | 0.56 | 0.77 | 0.56 | 0.59 | 0.68 | 0.71 | 0.74 | 0.56 |
| | 总平均偏差百分比（%） | 5.55 | 6.31 | 7.70 | **0.91** | 8.19 | **0.41** | 0 | **6.36** | 8.02 | 3.79 | 6.46 |

表 6-8 融入 DKVMN-KT 优化模型形成的学习分组结果

| 组号 | 组内成员 | K1 | K2 | K3 | K4 | K5 | K6 | K7 | K8 | K9 | K10 | K11 |
|---|---|---|---|---|---|---|---|---|---|---|---|---|
| 1 | S15、S20、S21、S10、S16 | 0.67 | 0.74 | 0.58 | 0.57 | 0.77 | 0.58 | 0.59 | 0.68 | 0.70 | 0.66 | 0.68 |
| 2 | S8、S17、S13、S7、S2 | 0.67 | 0.64 | 0.57 | 0.58 | 0.82 | 0.57 | 0.59 | 0.69 | 0.63 | 0.66 | 0.62 |
| 3 | S12、S18、S14、S9、S6 | 0.67 | 0.72 | 0.57 | 0.56 | 0.79 | 0.57 | 0.59 | 0.52 | 0.71 | 0.74 | 0.63 |
| 4 | S5、S4、S11、S3、S1 | 0.75 | 0.75 | 0.63 | 0.55 | 0.75 | 0.56 | 0.59 | 0.53 | 0.77 | 0.74 | 0.73 |
| 5 | S19、S23、S25、S26、S24 | 0.67 | 0.86 | 0.62 | 0.57 | 0.82 | 0.57 | 0.59 | 0.60 | 0.84 | 0.74 | 0.65 |
| 6 | S22、S28、S27、S29、S30 | 0.58 | 0.82 | 0.57 | 0.58 | 0.67 | 0.56 | 0.59 | 0.60 | 0.71 | 0.74 | 0.71 |
| | 总平均偏差百分比（%） | **4.92** | 7.08 | **3.85** | 1.08 | 5.13 | 0.71 | **0** | 6.56 | **6.51** | **3.79** | **4.04** |

### 6.4.4.1　公平性分析

本节使用每个分组内各知识掌握程度均值和各个知识掌握程度总平均偏差百分比作为衡量分组公平性的指标。

各小组内学习者知识掌握均值要与总体学习者的知识掌握均值尽量一致。表 6 – 6 ~ 表 6 – 8 实验结果记录着依据三种不同特征形成的学习小组在每一个知识点的知识掌握均值。分析表 6 – 6 ~ 表 6 – 8 数据可知，基于本节形成的学习小组知识掌握均值与总体学习者的知识掌握均值更接近；为了更加直观地说明实验结果，图 6 – 7 展示了三种分组方法形成的第 1 小组的知识掌握均值和总体学习者的知识掌握均值，本节分组方法形成的学习小组与总体学习者的知识掌握均值曲线基本一致，进一步说明了实验结果。

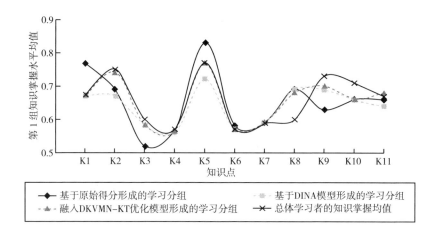

**图 6 – 7　第 1 组知识掌握均值**

各个知识掌握程度总平均偏差百分比要尽可能小。表 6 – 6 ~ 表 6 – 8 中字体加粗代表在这种分组方法中的总平均偏差百分比最小，从实验结果可以得出：在电路基本组成元素（K1）、电阻基本知识（K3）、电功率（K9）、欧姆定律（K11）这四个知识点中，融入 DKVMN – KT 优化模型形成学习小组要比其他两种方法总平均偏差百分比更低；在电阻器分类和符

号（K4）、电阻器型号和参数（K5）、电流（K6）三个知识点中，融入
DKVMN - KT 优化模型形成学习小组的总平均偏差百分比介于两者之间；其
他两种分组方法分别拥有 2 个或 3 个总平均偏差百分比相对较小的知识点。

根据上述分析，对比其他两种分组方法，融入深度知识追踪优化模型
而形成的学习小组具有更高的公平性。

### 6.4.4.2　异质性分析

异质性是指组内要尽可能异质，需要通过各个组内的学习者知识掌握
程度数据差异性来衡量。分析表 6 - 6 ~ 表 6 - 8 的数据可知，基于原始得分
的分组和基于 DINA 模型形成的分组结果中，会将很多同质的学习者分在同
一个分组中。比如，基于原始得分的分组第 3 组，S18 和 S24 都是电路工作
状态（K2）、电阻器型号和参数（K5）掌握比较好，其他知识掌握一般的
学习者；基于 DINA 模型形成的第 5 组中，S7 和 S10 都是电阻基本知识
（K3）、电阻器型号和参数（K5）、电功率（K9）、欧姆定律（K11）知识掌
握比较好的学习者，其知识结构呈现高度同质性。

为了更好地说明组内成员知识掌握程度的差异，选取 3 种分组方法形成
的第 1 小组 g1 作为可视化举例，如图 6 - 8 ~ 图 6 - 10 所示，横坐标表示知
识点，纵坐标表示学习者对于知识点的掌握程度。

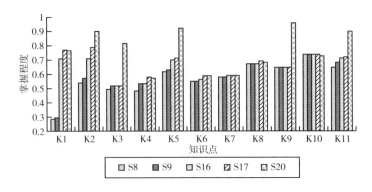

图 6 - 8　基于原始得分形成的第 1 小组

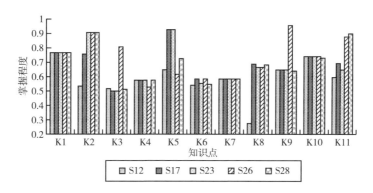

图 6 - 9　基于 DINA 形成的第 1 小组

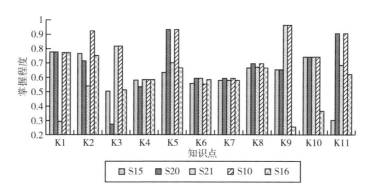

图 6 - 10　融入 DKVMN - KT 模型形成的第 1 小组

由图 6 - 8 ~ 图 6 - 10 可知：基于原始得分和 DINA 模型形成的第 1 小组，在多个知识点上表现同质，而融入 DKVMN - KT 模型形成的第 1 小组的学习者具有明显的差异，S10 学习者的综合能力较强，可以帮助组内成员辅导有关电路工作状态 K2、电阻器型号和参数 K5、电功率 K9、欧姆定律 K11 等有关知识点；S21 可以帮助组内成员 S16 辅导有关电阻基本知识 K3、电功率 K9、电能 K10 等知识点，S16 可以教会 S21 有关电路组成基本元素 K1、电路工作状态 K2 有关知识点等。组内成员在各个知识点的掌握程度有明显不同，体现了组内的异质性。

通过公平性和异质性分析发现，融入 DKVMN - KT 优化模型的协作学习分组方法能够形成知识结构上更具有组间同质和组内异质的学习团队，该方法在学习小组形成方面具有良好的性能，分析其背后原因有以下三条：

（1）基于原始得分形成的学习小组，是最常见的一种基于学习者知识水平的分组方法，其本质只利用了学习者答题的浅层练习数据，并没有深入学习者的认知过程中，没有对学习者答题数据特征进行有效挖掘。

（2）基于 DINA 模型形成的学习小组，虽建立了学习者答题情况和其内部认知特征之间的关系，但只利用离散的二维变量来表示学习者的知识状态，对于学习者的知识状态只有掌握和未掌握，显然也不符合实际学习情境。

（3）融入 DKVMN – KT 优化模型形成的学习小组，可以从三个方面进行分析。第一，从模型优化来看。DKVMN – KT 是在 DKVMN 模型的基础上进行改进的，DKVMN 模型利用记忆增强网络建模，键矩阵存储着知识点信息，值矩阵中存储着学习者对于每个知识点的掌握信息，相较于仅用一个隐状态表示学习者的所有知识状态的 DKT 模型，DKVMN 模型利用两个矩阵存储信息更具有解释性。但是针对目前的 DKVMN 模型的键矩阵中存储的其实是神经网络建模的潜在知识点，而并非习题的真实知识点，模型引入了 Q 矩阵，融入学习者的真实知识点信息。同时，目前的 DKVMN 模型知识增长的计算只考虑了学习者的当前作答反应和一个已经训练好的嵌入矩阵相乘，忽略了学习者的知识水平对知识增长的影响，从认知过程来看，虽然是同一个作答反应，学习者的知识水平不同，得到的知识增长也应该是不同的；DKVMN – KT 模型在知识增长计算的时候引入学习者的知识状态得出每个学习者的不同知识增量。第二，从认知诊断过程来看。DKVMN – KT 模型利用 Q 矩阵作为键矩阵的一个过滤，使模型融入真实知识点信息；以学习者作答序列作为输入，模拟学习者动态的学习过程，利用值矩阵存储学习者对于各个知识点持续的知识状态。第三，从形成结果来看。使用 DKVMN – KT 模型所形成的学习者的知识状态粒度更小，不仅能得出学习者对知识点掌握与否，还能精准测量学习者的知识状态掌握程度。使用连续的数值表示学习者的知识状态；使用 K-means 算法把所有的学习者对象划分为不同簇，每一簇中学习者的知识状态彼此相似，但是与其他簇中学习者不相似。学习者的知识状态是影响学习者分组的一个主要因素，基于学习者聚类的结果进行异质性分组，学习者可以在组内交流、协作过程中发挥自己的优势，及时弥补薄弱知识点，进而提升学习效果。

## 6.5　本章小结

将知识追踪模型应用于协作学习分组活动，能更好地聚焦于学习者认知状态，解决现有协作学习分组知识水平特征建模简单化问题，提升协作学习分组效率。由于本章提出的分组方法只考虑了学习者知识水平特征，后续研究中应将学习者更多个性化特征融入协作学习分组方法中，同时考虑将习题相关性、知识点层级关系等信息融入 Q 矩阵构建过程，缓解矩阵稀疏问题，优化分组方法。

# 参 考 文 献

［1］艾方哲．基于知识追踪的智能导学算法设计［D］．北京：北京交通大学，2019.

［2］安德森，克拉斯沃，艾雷辛，等．学习教学和评估的分类学：布卢姆教育目标分类学［M］．修订版．上海：华东师范大学出版社，2008.

［3］班启敏．基于知识追踪的课程推荐算法研究［D］．上海：华东师范大学，2022.

［4］包昊罡，邢爽，李艳燕，等．在线协作学习中面向教师的可视化学习分析工具设计与应用研究［J］．中国远程教育，2019（6）：13 – 21.

［5］陈思航．基于知识追踪的课程智能导学平台研究［D］．武汉：华中师范大学，2022.

［6］戴海崎，张峰，陈雪枫．心理与教育测量［M］．3 版．广州：暨南大学出版社，2011.

［7］戴静，顾小清，江波．殊途同归：认知诊断与知识追踪——两种主流学习者知识状态建模方法的比较［J］．现代教育技术，2022，32（4）：88 – 98.

［8］龚越，罗小芹，王殿海，等．基于梯度提升回归树的城市道路行程时间预测［J］．浙江大学学报（工学版），2018，52（3）：453 – 460.

［9］胡立如，陈高伟．可视化学习分析：审视可视化技术的作用和价值［J］．开放教育研究，2020，26（2）：63 – 74.

［10］胡小勇，李闫莉，徐旭辉．优化分组学习效果的实践策略——以《教育传播学》课程为例的研究［J］．华南师范大学学报（社会科学版），2009（1）：107－110，159－160．

［11］胡学钢，刘菲，卜晨阳．教育大数据中认知跟踪模型研究进展［J］．计算机研究与发展，2020，57（12）：2523－2546．

［12］黄诗雯，刘朝晖，罗凌云，等．融合行为和遗忘因素的贝叶斯知识追踪模型研究［J］．计算机应用研究，2021，38（7）：1993－1997．

［13］黄希庭．心理学导论［M］．2版．北京：人民教育出版社，2007．

［14］姜强，赵蔚，李勇帆，等．基于大数据的学习分析仪表盘研究［J］．中国电化教育，2017（1）：112－120．

［15］李浩君，高鹏．融合梯度提升回归树的深度知识追踪优化模型［J］．系统科学与数学，2021，41（8）：2101－2112．

［16］李浩君，岳磊，张鹏威，等．多目标优化视角下在线学习群体形成方法［J］．小型微型计算机系统，2022，43（4）：712－722．

［17］李嘉伟．基于知识点的学业诊断系统的设计与实现［D］．金华：浙江师范大学，2018．

［18］李子建，邱德峰．学生自主学习：教学条件与策略［J］．全球教育展望，2017，46（1）：47－57．

［19］梁爱民．维果斯基"最近发展区"理论框架下语言知识构建机制研究［J］．济南大学学报：社会科学版，2012，22（4）：29－32．

［20］梁琨，任依梦，尚余虎，等．深度学习驱动的知识追踪研究进展综述［J］．计算机工程与应用，2021，57（21）：41－58．

［21］刘勤玲．基于学习诊断模型的知识点推荐算法研究及应用［D］．西安：西安理工大学，2019．

［22］刘声涛，戴海崎，周骏．新一代测验理论——认知诊断理论的源起与特征［J］．心理学探新，2006，26（4）：73－77．

［23］刘迎春，谢年春，高瑱涛．精准教学视野下基于学习测评数据的

可视化反馈研究［J］．黑龙江高教研究，2020，38（12）：39-44．

［24］卢宇，王德亮，章志，等．智能导学系统中的知识追踪建模综述［J］．现代教育技术，2021，31（11）：87-95．

［25］罗凌，杨有，马燕．基于模糊C均值的在线协作学习混合分组研究［J］．计算机工程与应用，2017，53（16）：68-73．

［26］马骁睿，徐圆，朱群雄．一种结合深度知识追踪的个性化习题推荐方法［J］．小型微型计算机系统，2020，41（5）：990-995．

［27］牟智佳，李雨婷，彭晓玲．基于学习测评数据的个性化评价建模与工具设计研究［J］．电化教育研究，2019，40（8）：96-104．

［28］牟智佳，武法提，乔治·西蒙斯．国外学习分析领域的研究现状与趋势分析［J］．电化教育研究，2016，37（4）：18-25．

［29］潘芳，仲伟俊．E-Learning协作学习中的分组问题研究［J］．中国远程教育，2014（1）：59-63．

［30］蒲菲．基于知识图谱的小学二年级数学学习诊断的实证研究［D］．昆明：云南师范大学，2019．

［31］漆书青．现代教育与心理测量学原理［M］．北京：高等教育出版社，2002．

［32］桑治平，何聚厚．基于改进细菌觅食的协作学习分组算法［J］．计算机工程，2014，40（10）：137-142．

［33］石艳丽．基于教育知识图谱的在线诊断结果可视化系统设计与开发［D］．武汉：华中师范大学，2021．

［34］宋刚．深度知识追踪在习题推荐上的应用［D］．镇江：江苏大学，2020．

［35］宋永浩．在线个性化学习服务关键技术研究［D］．北京：中国科学院大学，2018．

［36］谭思源．基于最近发展区理论的动态评估在高中生物课堂的教学设计与实践［D］．石河子：石河子大学，2022．

［37］唐小卫，丁叶，张生润，等．进港航班滑入时间预测研究［J］．北京航空航天大学学报，2022（9）：1－10.

［38］汪习雅．基于认知诊断的六年级分数乘法的学习诊断及其个性化学习路径研究［D］．南昌：江西师范大学，2019.

［39］王冬青，殷红岩．基于知识图谱的个性化习题推荐系统设计研究［J］．中国教育信息化，2019（17）：81－86.

［40］王岚．适应性学习系统中学习模型迁移方法的研究［D］．天津：天津大学，2004.

［41］王亮．远程教学中的智能学习诊断研究［D］．新乡：河南师范大学，2011.

［42］王士进，吴金泽，张浩天，等．可信的端到端深度学生知识画像建模方法［J］．计算机研究与发展，2023，60（8）：1822－1833.

［43］王宇，朱梦霞，杨尚辉，等．深度知识追踪模型综述和性能比较［J］．软件学报，2023，34（3）：1365－1395.

［44］王志锋，熊莎莎，左明章，等．智慧教育视域下的知识追踪：现状、框架及趋势［J］．远程教育杂志，2021，39（5）：45－54.

［45］魏雨昂．面向学习分析的贝叶斯网络学生能力智能评价方法研究［D］．北京：北方工业大学，2023.

［46］吴龙凯，程浩，张珊，等．智能技术赋能教育评价的时代内涵、伦理困境及对策研究［J］．电化教育研究，2023，44（9）：19－25.

［47］吴水秀，罗贤增，熊键，等．知识追踪研究综述［J］．计算机科学与探索，2023，17（7）：1506－1525.

［48］谢建．教师精准教学能力模型构建研究［D］．长春：东北师范大学，2020.

［49］谢棋泽．基于图嵌入和双端注意力机制的知识追踪及学习路径推荐［D］．上海：华东师范大学，2022.

［50］谢涛，农李巧，高楠．智能学习分组：从通用模型到大数据框架

［J］．电化教育研究，2022，43（2）：88－94.

　　［51］徐燕平．产生式理论在高中有机化学教学中的应用研究［D］．上海：华东师范大学，2007.

　　［52］杨文忠，张志豪，吾守尔·斯拉木，等．基于时间序列关系的GBRT交通事故预测模型［J］．电子科技大学学报，2020，49（4）：615－621.

　　［53］杨壮壮．基于自我导向理论的成人学习仪表盘设计及应用研究［D］．大庆：东北石油大学，2021.

　　［54］叶艳伟，李菲茗，刘倩倩，林丽娟．知识追踪模型融入遗忘和数据量因素对预测精度的影响［J］．中国远程教育，2019（8）：20－26.

　　［55］余萍，曹洁．深度学习在故障诊断与预测中的应用［J］．计算机工程与应用，2020，56（3）：1－18.

　　［56］曾凡智，许露倩，周燕，等．面向智慧教育的知识追踪模型研究综述［J］．计算机科学与探索，2022，16（8）：1742－1763.

　　［57］张明心．基于认知诊断的贝叶斯知识追踪模型改进与应用［D］．上海：华东师范大学，2019.

　　［58］张暖，江波．学习者知识追踪研究进展综述［J］．计算机科学，2021，48（4）：213－222.

　　［59］郑远攀，李广阳，李晔．深度学习在图像识别中的应用研究综述［J］．计算机工程与应用，2019，55（12）：20－36.

　　［60］周宏锐．深度挖掘考试数据促进学习者学业发展刍议——关于"初中学业水平考试成绩报告单"的实践与思考［J］．教育探索，2018（5）：42－45.

　　［61］朱德全，吴虑．大数据时代教育评价专业化何以可能：第四范式视角［J］．现代远程教育研究，2019，31（6）：14－21.

　　［62］祝智庭，沈德梅．基于大数据的教育技术研究新范式［J］．电化教育研究，2013，34（10）：5－13.

　　［63］邹煜．融合学习记忆过程的知识追踪在小学数学学业评价中的应

用研究 [D]. 北京：中央民族大学，2021.

[64] Ai F, Chen Y, Guo Y, et al. Concept-Aware Deep knowledge tracing and exercise recommendation in an online learning system [J]. International Educational Data Mining Society, 2019：240 – 245.

[65] Algebra 2005 – 2006 & Bridge to Algebra 2006 – 2007 date set [DS/OL]. https：//pslcdatashop. web. cmu. edu/DatasetInfo?datasetId =507/，2021 – 11 – 28.

[66] Andrejczuk E, Bistaffa F, Blum C, et al. Synergistic team composition：a computational approach to foster diversity in teams [J]. Knowledge-Based Systems, 2019 (182)：35 – 42.

[67] Beck J, Stern M, Woolf B P. Using the student model to control problem difficulty [C]. User Modeling：Proceedings of the Sixth International Conference UM97 Chia Laguna. Sardinia, Italy, 1997：277 – 288.

[68] Birnbaum A L. Some latent trait models and their use in inferring an examinee's ability [J]. Statistical Theories of Mental Test Scores, 1968：395 – 479.

[69] Bloom B S. Taxonomy of educational objectives：the classification of educational goals [J]. Cognitive Domain, 1956：36 – 44.

[70] Cai D, Zhang Y, Dai B. Learning path recommendation based on knowledge tracing model and reinforcement learning [C]. 2019 IEEE 5th International Conference on Computer and Communications (ICCC). Chengdu, 2019：1881 – 1885.

[71] Cen H, Koedinger K, Junker B. Learning factors analysis-a general method for cognitive model evaluation and improvement [C]. International Conference on Intelligent Tutoring Systems. Berlin. Heidelberg, 2006：164 – 175.

[72] Chen C M, Kuo C H. An optimized group formation scheme to promote collaborative problem-based learning [J]. Computers & Education, 2019 (133)：94 – 115.

[73] Chen Y, Liu Q, Huang Z, et al. Tracking knowledge proficiency of

students with educational priors [C]. Proceedings of the 2017 ACM on Conference on Information and Knowledge Management. Hefei, Anhui, 2017: 989 –998.

[74] Cheung L P, Yang H. Heterogeneous features integration in deep knowledge tracing [C]. International Conference on Neural Information Processing. Cham, 2017: 653 –662.

[75] Corbett A T, Anderson J R. Knowledge tracing: modeling the acquisition of procedural knowledge [J]. User Modeling and User-adapted Interaction, 1995, 4 (4): 253 –278.

[76] Crocker L, Algina J. Introduction to Classical and Modern Test Theory [M]. Orlando, FL: Holt, Rinehart and Winston, 1986.

[77] Festinger L A. A Theory of social comparison processes [J]. Human Relations, 1954, 7 (2): 117 –140.

[78] Flores-Parra J M, Castañón-Puga M, Evans R D, et al. Towards team formation using belbin role types and a social networks analysis approach [C]. 2018 IEEE Technology and Engineering Management Conference (TEMSCON). Evanston, IL, USA, 2018: 1 –6.

[79] Fu J, Li Y. Cognitively diagnostic psychometric models: An integrative review [C]. Annual meeting of the National Council on Measurement in Education. Chicago, IL, 2007: 979 –1030.

[80] Garshasbi S, Mohammadi Y, Graf S, et al. Optimal learning group formation: a multi-objective heuristic search strategy for enhancing inter-group homogeneity and intra-group heterogeneity [J]. Expert Systems with Applications, 2019 (118): 506 –521.

[81] Ghosh A, Heffernan N, Lan A S. Context-aware attentive knowledge tracing [C]. Proceedings of the 26th ACM SIGKDD International Conference on Knowledge Discovery & Data Mining. Ireland, 2020: 2330 –2339.

[82] Gibbs G. Learning in Teams: A Tutor Guide [M]. Oxford Centre for

Staff and Learning Development, 1995.

[83] Goodfellow I, Bengio Y, Courville A, et al. Deep Learning [M]. Cambridge: MIT Press, 2016.

[84] Ha H, Hwang U, Hong Y, et al. Deep Trustworthy knowledge tracing [J]. 2018. DOI: 10.48550/arXiv.1805.10768.

[85] Ha H, Hwang U, Hong Y, et al. Memory-augmented neural networks for knowledge tracing from the perspective of learning and forgetting [J]. Electrical and Computer Engineering, 2018: 1 – 9.

[86] Hambleton R K, Swaminathan H. Item Response Theory: Principles and Applications [M]. New York: Springer Science & Business Media, 2013.

[87] Hochreiter S, Schmidhuber J. Long short-term memory [J]. Neural Computation, 1997, 9 (8): 1735 – 1780.

[88] Holley D, Oliver M. Student engagement and blended learning: portraits of risk [J]. Computers & Education, 2010, 54 (3): 693 – 700.

[89] Hoyles C, Noss R, Kent P, et al. International Journal of Educational Research [M]. Britain: Pergamon Press, 2009.

[90] Huang Z, Liu Q, Chen E, et al. Question Difficulty Prediction for READING Problems in Standard Tests [C]. Proceedings of the AAAI Conference on Artificial Intelligence. Beijing, China, 2017: 139 – 148.

[91] Junker B W, Sijtsma K. Cognitive assessment models with few assumptions, and connections with nonparametric item response theory [J]. Applied Psychological Measurement, 2001, 25 (3): 258 – 272.

[92] Keim D A, Mansmann F, Schneidewind J, et al. Visual analytics: scope and challenges [J]. Visual Data Mining, 2008: 76 – 90.

[93] Khajah M M, Lindsey R V, Mozer M C, et al. How deep is knowledge tracing [C]. Proceedings of the 9th International Conference on Educational Data Mining. International Educational Data Mining Society, 2016: 94 – 101.

［94］Knäuper B, Belli R F, Hill D H, et al. Question difficulty and respondents' cognitive ability: the effect on data quality ［J］. Journal of Official Statistics-stockholm, 1997 (13): 181 – 199.

［95］Krathwohl D R. A revision of Bloom's taxonomy: an overview ［J］. Theory Into Practice, 2002, 41 (4): 212 – 218.

［96］Käser T, Klingler S, Schwing A G, et al. Dynamic Bayesian networks for student modeling ［J］. IEEE Transactions on Learning Technologies, 2017, 10 (4): 450 – 462.

［97］Lalwani A, Agrawal S. Validating revised bloom's taxonomy using deep knowledge tracing ［C］. Artificial Intelligence in Education: 19th International Conference. London, UK, 2018: 225 – 238.

［98］Lalwani A, Agrawal S. What does time tell? Tracing the forgetting curve using deep knowledge tracing ［C］. Artificial Intelligence in Education: 20th International Conference. Chicago, IL, USA, 2019: 158 – 162.

［99］Li L, Wang Z. Calibrated Q-matrix-enhanced deep knowledge tracing with relational attention mechanism ［J］. Applied Sciences, 2023, 13 (4): 25 – 41.

［100］Ling C X, Huang J, Zhang H. AUC: a Statistically Consistent and more Discriminating Measure than Accuracy ［C］. International Joint Conference on Artificial Intelligence. Burlington, USA, 2003: 519 – 524.

［101］Lipton Z C. The mythos of model interpretability ［J］. Communications of the ACM, 2016, 61 (10): 96 – 101.

［102］Liu Q, Huang Z, Yin Y, et al. Ekt: exercise-aware knowledge tracing for student performance prediction ［J］. IEEE Transactions on Knowledge and Data Engineering, 2019, 33 (1): 100 – 115.

［103］Lomas D, Patel K, Forlizzi J L, et al. Optimizing challenge in an educational game using large-scale design experiments ［C］. Proceedings of the

SIGCHI Conference on Human Factors in Computing Systems. Hangkong, 2013: 89 – 98.

[104] Meng L, Zhang M, Zhang W, et al. CS – BKT: introducing item relationship to the Bayesian knowledge tracing model [J]. Interactive Learning Environments, 2021, 29 (8): 1393 – 1403.

[105] Minn S, Yu Y, Desmarais M C, et al. Deep knowledge tracing and dynamic student classification for knowledge tracing [C]. 2018 IEEE International Conference on Data Mining (ICDM). Singapore, 2018: 1182 – 1187.

[106] Nagatani K, Zhang Q, Sato M, et al. Augmenting knowledge tracing by considering forgetting behavior [C]. The World Wide Web Conference. San Francisco, CA, USA, 2019: 3101 – 3107.

[107] Nakagawa H, Iwasawa Y, Matsuo Y. Graph-based knowledge tracing: modeling student proficiency using graph neural network [C]. 2019 IEEE/WIC/ACM International Conference on Web Intelligence (WI). Thessaloniki, Greece, 2019: 156 – 163.

[108] Nand R, Sharma A. Meta-heuristic approaches to tackle skill based group allocation of students in project based learning courses [C]. 2019 IEEE Congress on Evolutionary Computation (CEC). Wellington, New Zealand, 2019: 1782 – 1789.

[109] Newell A, Simon H A. Human problem solving [M]. Englewood Cliffs, NJ: Prentice-hall, 1972.

[110] Ounnas A, Davis H, Millard D. A framework for semantic group formation [C]. 2008 Eighth IEEE international conference on advanced learning technologies. Santander, Spain, 2008: 34 – 38.

[111] Paivio A. Mental representations: a dual coding approach [J]. Oxford Psychology, 1986 (2): 277 – 305.

[112] Pandey S, Karypis G. A self-attentive model for knowledge tracing

[C]. Proceedings of the 12th International Conference on Educational Data Mining. EDM, 2019: 384 – 389.

[113] Pandey S, Srivastava J. RKT: relation-aware self-attention for knowledge tracing [C]. Proceedings of the 29th ACM International Conference on Information & Knowledge Management. CA, USA, 2020: 1205 – 1214.

[114] Pardos Z A, Heffernan N T. KT – IDEM: Introducing item difficulty to the knowledge tracing model [C]. International Conference on User Modeling, Adaptation, and Personalization. Springer, Berlin, Heidelberg, 2011: 243 – 254.

[115] Pardos Z A, Heffernan N T. Modeling individualization in a bayesian networks implementation of knowledge tracing [C]. International Conference on User Modeling, Adaptation, and Personalization. Berlin, Heidelberg, 2010: 255 – 266.

[116] Pavlik Jr P I, Cen H, Koedinger K R. Performance factors analysis—a new alternative to knowledge tracing [J]. Online Submission, 2009.

[117] Piech C, Bassen J, Huang J, et al. Deep knowledge tracing [C]. Proceedings of the 28th International Conference on Neural Information Processing Systems. Neural Information Processing Systems, India, 2015: 505 – 513.

[118] Piech C, Spencer J, Huang J, et al. Deep knowledge tracing [J]. Computer science, 2015, 3 (3): 19 – 23.

[119] Rasch G. Probabilistic Models for Some Intelligence and Attainment Tests [J]. Achievement Tests, 1993: 199.

[120] Romero C, Ventura S. Educational data mining: a review of the state of the art [J]. IEEE Transactions on Systems Man & Cybernetics Part C, 2010, 40 (6): 601 – 618.

[121] Santos J L, Govaerts S, Verbert K, et al. Goal-oriented visualizations of activity tracking: a case study with engineering students [C]. Proceedings of the 2nd International Conference on Learning Analytics and Knowledge. Vancouver British Columbia Canada, 2012: 143 – 152.

[122] Shen S, Huang Z, Liu Q, et al. Assessing student's dynamic knowledge state by exploring the question difficulty effect [C]. Proceedings of the 45th International ACM SIGIR Conference on Research and Development in Information Retrieval. Madrid, Spain, 2022: 427 – 437.

[123] Shen S, Liu Q, Chen E, et al. Convolutional knowledge tracing: modeling individualization in student learning process [C]. Proceedings of the 43rd International ACM SIGIR Conference on Research and Development in Information Retrieval. Xian, 2020: 1857 – 1860.

[124] Smith K A. Cooperative learning: effective teamwork for engineering classrooms [C]. Proceedings frontiers in education 1995 25th annual conference. Engineering Education for the 21st Century. Atlanta, GA, USA, 1995: 13 – 18.

[125] Spaulding S, Breazeal C. Affect and inference in Bayesian knowledge tracing with a robot tutor [C]. Proceedingsof the Tenth Annual ACM/IEEE International Conference onHuman-Robot Interaction Extended Abstract. USA, 2015: 219 – 220.

[126] Su Y, Liu Q, Liu Q, et al. Exercise-enhanced sequential modeling for student performance prediction [C]. Proceedings of the AAAI Conference on Artificial Intelligence. ShangHai: 2018.

[127] Tatsuoka K K. Rule space: an approach for dealing with misconceptions based on item response theory [J]. Journal of Educational Measurement, 1983: 345 – 354.

[128] Thai-Nghe N, Drumond L, Krohn-Grimberghe A, et al. Recommender system for predicting student performance [J]. Procedia Computer Science, 2010, 1 (2): 2811 – 2819.

[129] Thai-Nghe N, Horváth T, Schmidt-Thieme L. Factorization models for forecasting student performance [C]. International Conference on Educational

Data Mining：Thailand，2010.

[130] Trabasso T. Cognitive load theory during problem solving：effect on learning [J]. Cognitive Science，1989（12）：257－285.

[131] Ullmann M R D, Ferreira D J, Camilo C G, et al. Formation of learning groups in cmoocs using particle swarm optimization [C]. 2015 IEEE Congress on Evolutionary Computation（CEC）. Sendai，Japan，2015：3296－3304.

[132] Van Der Linden W J, Hambleton R K. Item Response Theory：Brief History, Common Models, and Extensions [M]. New York：Handbook of modern item response theory，1997.

[133] Vaswani A, Shazeer N, Parmar N, et al. Attention is all you need [J]. Advances in Neural Information Processing Systems，2017（30）：650－665.

[134] Vie J J, Kashima H. Knowledge tracing machines：factorization machines for knowledge tracing [C]. In Proceedings of the AAAI Conference on Artificial Intelligence. Hawaii，USA，2019：750－757.

[135] Wang L, Sy A, Liu L, et al. Deep knowledge tracing on programming exercises [C]. Proceedings of the fourth（2017）ACM conference on learning@ scale. ShangHai，2017：201－204.

[136] Wang S, Xu Y, Li Q, et al. Learning path planning algorithm based on learner behavior analysis [C]. 2021 4th International Conference on Big Data and Education. London，UK，2021：26－33.

[137] Wang W, Ma H, Zhao Y, et al. Relevance-aware Q-matrix calibration for knowledge tracing [C]. Artificial Neural Networks and Machine Learning-ICANN 2021. Springer International Publishing，2021：101－112.

[138] Wang W, Ma H, Zhao Y, et al. Tracking knowledge proficiency of students with calibrated Q-matrix [J]. Expert Systems with Applications，2022（192）：116－127.

[139] Wang Y, Heffernan N T. Leveraging first response time into the

knowledge tracing model ［C］. International Educational Data Mining Society. BeiJing, 2012.

［140］ Wu R, Liu Q, Liu Y, et al. Cognitive modelling for predicting examinee performance ［C］. In Proceedings of the Twenty-Fourth International Joint Conference on Artificial Intelligence. Palo Alto, 2015.

［141］ Wu Z, He T, Mao C, et al. Exam paper generation based on performance prediction of student group ［J］. Information Sciences, 2020 (532): 72 – 90.

［142］ Xiong X, Zhao S, Van Inwegen E G, et al. Going deeper with deep knowledge tracing ［J］. International Educational Data Mining Society, 2016: 545 – 550.

［143］ Yang Y, Shen J, Qu Y, et al. GIKT: a graph-based interaction model for knowledge tracing ［C］. Machine Learning and Knowledge Discovery in Databases: European Conference. Ghent, Belgium, 2020: 299 – 315.

［144］ Yeung C K. Deep-IRT: make deep learning-based knowledge tracing explainable using item response theory ［C］. Proceedings of the 12th International Conference on Educational Data Mining. Montréal, Canada, 2019: 683 – 686.

［145］ Yeung C K, Yeung D Y. Addressing two problems in deep knowledge tracing via prediction-consistent regularization ［C］. Proceedings of the Fifth Annual ACM Conference on Learning at Scale. London, UK, 2018: 1 – 10.

［146］ Yeung C K, Yeung D Y. Incorporating features learned by an enhanced deep knowledge tracing model for stem/non-stem job prediction ［J］. International Journal of Artificial Intelligence in Education, 2019, 29 (3): 317 – 341.

［147］ Yudelson M V, Koedinger K R, Gordon G J. Individualized bayesian knowledge tracing models ［C］. International Conference on Artificial Intelligence in Education. Berlin, Heidelberg, 2013: 171 – 180.

［148］ Zhang J, King I. Topological order discovery via deep knowledge tracing [C]. Neural Information Processing: 23rd International Conference. Kyoto, Japan, 2016: 112 – 119.

[149] Zhang J N, Shi X J, King I, et al. Dynamic key-value memory networks for knowledge tracing [C]. Proceedings of the 26th International Conference on World Wide Web. New York, 2017: 765 – 774.

[150] Zhang J, Shi X, King I, et al. Dynamic key-value memory networks for knowledge tracing [C]. Proceedings of the 26th International Conference on World Wide Web. WWW, 2017: 765 – 774.

[151] Zhang K, Yao Y. A three learning states Bayesian knowledge tracing model [J]. Knowledge-Based Systems, 2018 (148): 189 – 201.

[152] Zhang L, Xiong X, Zhao S, et al. Incorporating rich features into deep knowledge tracing [C]. Proceedings of the fourth (2017) ACM Conference on Learning. ShangHai, 2017: 169 – 172.

[153] Zhang M, Zhu X, Zhang C, et al. Multi-factors aware dual-attentional knowledge tracing [C]. Proceedings of the 30th ACM International Conference on Information & Knowledge Management. Queensland, Australia, 2021: 2588 – 2597.

[154] Zhu J, Yu W, Zheng Z, et al. Learning from interpretable analysis: attention-based knowledge tracing [C]. Artificial Intelligence in Education: 21st International Conference. Ifrane, Morocco, 2020: 364 – 368.